幕墙安装施工培训教材

曹建丽　主编

中国建筑工业出版社

图书在版编目（CIP）数据

幕墙安装施工培训教材/曹建丽主编．—北京：中国建筑工业出版社，2012.3

ISBN 978-7-112-14057-2

Ⅰ．①幕…　Ⅱ．①曹…　Ⅲ．①幕墙—建筑安装工程—工程施工—技术培训—教材　Ⅳ．①TU767

中国版本图书馆CIP数据核字（2012）第026820号

幕墙安装施工培训教材

曹建丽　主编

*

中国建筑工业出版社出版、发行（北京西郊百万庄）

各地新华书店、建筑书店经销

华鲁印联（北京）科贸有限公司制版

北京市密东印刷有限公司印刷

*

开本：850×1168毫米　1/32　印张：5⅛　字数：136千字

2012年7月第一版　2012年7月第一次印刷

定价：18.00元

ISBN 978-7-112-14057-2

（22101）

本书介绍了幕墙的种类、性能、各种幕墙的特点及在建筑中的应用；幕墙常用材料的一般规定、性能；单元式幕墙的基本特点；单元式玻璃幕墙施工前准备、测量放线、杆件加工和单元板块组装等；单元式幕墙吊装施工实例以及幕墙安装施工安全和现场管理方法等。为便于读者掌握和巩固所学知识，书中各章后都有复习题。

书中内容是作者多年实践经验的总结，阐述简练、实用。本书可作为从事建筑幕墙施工安装人员的培训教材，也可供幕墙设计、安装、施工等有关人员阅读、参考。

责任编辑：唐炳文
责任设计：李志立
责任校对：肖　剑　关　健

参加本书编写人名单

吴庆云　　王小凯　　郑文杰　　周亚利
方　海　　罗增锴　　任英鹤　　牛小霞
别家昕

目　　录

第一章　幕墙的基本知识

第一节　概述

一、建筑幕墙的定义

由金属构件与玻璃板材组成或由金属构件与玻璃板材及其他板材组成的建筑物外围护结构，称为建筑幕墙。

二、建筑幕墙的特点

（1）幕墙是悬挂在建筑结构框架前面的非承重外墙；

（2）幕墙直接承受施加于其上的荷载（自重和所受风载、地震作用），通过连接点传至建筑物主体的结构框架上；

（3）幕墙构件之间的接缝设计和连接工艺能使幕墙架设成任何规格的连续面。

三、幕墙在建筑中的应用

1. 玻璃幕墙

大面积的玻璃装饰于建筑物的外立面，通过建筑师的建筑构思并利用玻璃本身的一些特殊性能使建筑物显得别具一格，光亮、明快、挺拔，较之其他的饰面材料无论在色彩还是在光泽方面都给人一种全新的概念。

玻璃幕墙主要是应用玻璃这种饰面材料覆盖建筑物表面，看上去好像罩在建筑物外表的一层帷幔。特别是应用热反射玻璃，将建筑物周围的景物蓝天、白云等自然现象都映到建筑物表面，从而使建筑物的外表情景交融，层层交错，大有变幻莫测的感觉。近看，景物丰富，远看熠熠生辉，光彩照人的效果。

玻璃幕墙装饰于建筑物的外表，在某种角度上理解，也可以说是建筑物外窗的无限扩大，以致将建筑物的外表全部用玻璃包裹，由采光、保温、防风雨等较为单纯的功能，变为多功能的装饰品。建筑物装上玻璃幕墙，可以使人产生许多遐想，玻璃幕墙新颖动人，洁净挺拔的外表，本身就是实业家和商人成功的广告。更有甚者还发现，玻璃幕墙这种高级、考究、现代化建筑的昂贵材料，以及将其安装的先进设备和技术是雄厚经济实力的象征，因而一些比较重要的商业建筑总是优先考虑采用。特别是在高层建筑和超高层建筑中，应用的比例更大一些。

但是，从节约能源的角度，由于采用全封闭，以及有些幕墙的热惰性比传统的砖石结构性能差，从而加重了空调的负荷；另外，大量使用热反射玻璃，其透光性能比透明玻璃差，要用人工照明来加以补偿，而人工照明不仅消耗了能量，又散发了热量，这样，又增加了空调的负荷量。

玻璃幕墙大量使用热反射玻璃，马路上的街景和建筑互相投射映照，虽然可以使建筑物的外表获得景致丰富的效果，但是也易给人以假乱真的错觉，强烈的光污染是交通肇事的潜在因素。此外，玻璃幕墙破碎、脱落造成事故的问题，必须认真对待，而且必须通过技术上改进解决。

2. 铝板幕墙

铝板幕墙作为诸多幕墙形式中的一种，近几年才在国内出现和应用。铝板幕墙的出现，更加丰富了幕墙的艺术表现力，完善了幕墙的性能。它以重量轻、抗震性能好、加工方便、安装快捷、色彩丰富、装饰表现力强、清洁、维护方便等优点，被广泛地应用于高层和低层建筑。玻璃幕墙与铝板幕墙交错安装，使建筑物的外装饰效果丰富多变，并具有极富表现力的特点。我们只有正确地认识、了解并合理地选用它，才能做到材尽其用，满足功用、确保质量、尽显艺术、风格独具、装饰美观的效果。

3. 石材板幕墙

石材板幕墙是用天然石板材作嵌板的幕墙，常用的有天然大理石建筑板材和天然花岗石建筑板材。它是花岗石、大理石饰面板施工技术的一次革命，为高层建筑采用花岗石、大理石进行外墙面装饰开辟了广阔的前景。

石板幕墙常见的构造做法有以下两种：

（1）结构装配：大部分石板幕墙和隐框玻璃幕墙配合使用于一个建筑立面上，窗间墙部分使用石板幕墙，窗洞部分使用玻璃幕墙，用结构装配方法，将天然石材建筑板材用幕墙形式进行石板材饰面施工，即任何高度、任何部位都可以采用与隐框幕墙结构玻璃装配组件同样的施工工艺。石板幕墙结构装配典型节点如图 1－1 所示。

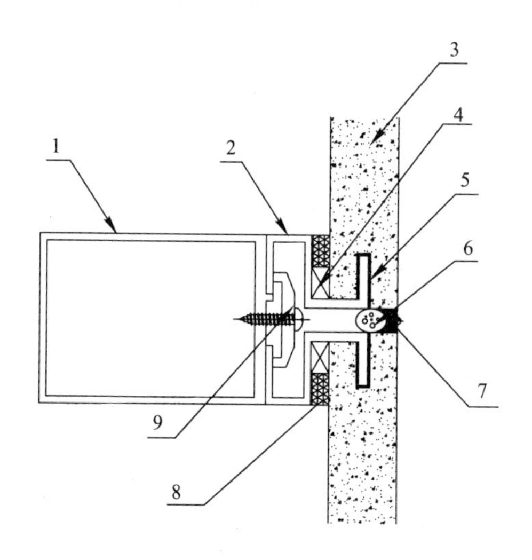

图 1－1　石材幕墙结构装配简图

1—横梁；2—挂板；3—石板；4—双面胶带；5—挂钩；6—泡沫垫杆；7—石材专用耐候胶；8—石材专用结构耐候胶；9—压板组件

将天然大理石建筑板材（天然花岗石建筑板材）用硅酮密封胶固定在铝框上成为结构装配组件，再用机械固定方法将结构装配组件固定在主框（立柱、横梁）上，它与结构玻璃装配组件唯一不同之处是在副框的下框有一顶钩，将石板顶住，可防止较重的石材嵌板在长期使用过程中使结构密封胶疲劳而脱落。其结构装配组件的设计与构造做法和结构玻璃装配组件是一样的。

（2）干挂法：用于石材幕墙的石板厚度为25～30mm，且不应小于25mm。

目前石材幕墙的连接方法有以下三种：

①钢销式石材幕墙可在非抗震设计或6度或7度抗震幕墙设计中应用，幕墙高度不大于20m，石板面积不宜大于1.0m²。钢销和连接板应采用不锈钢，钢销直径为ϕ5mm或ϕ6mm，连接板截面尺寸不宜小于40mm×4mm（图1-2）。因钢销直径仅为ϕ5mm或ϕ6mm，截面积很小，又将荷载集中传递到较为薄弱孔洞边缘的石材上，受力状况很不好。所以这种连接方式的应用范围需加以限制，控制应用范围是抗震烈度在7度或7度以下地区，石材幕墙高度应在20m以下。

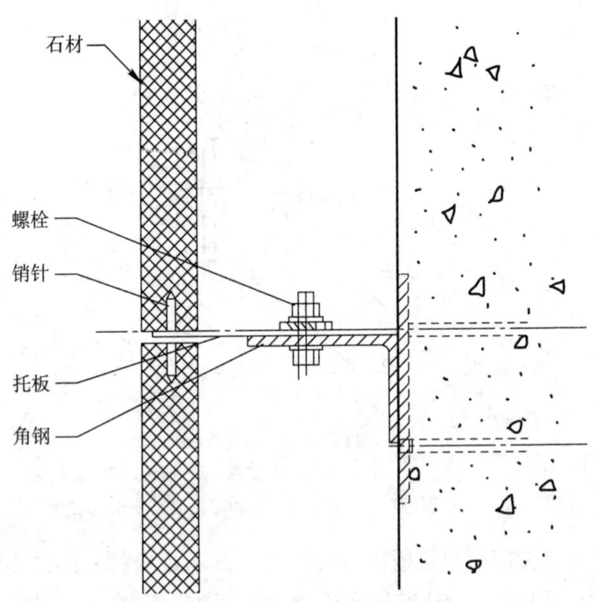

图1-2　钢销式石材幕墙连接示意图

②短槽（通槽）支撑石板的不锈钢挂钩厚度不应小于 3.0mm，铝挂钩厚度不应小于 4.0mm（图 1－3）。

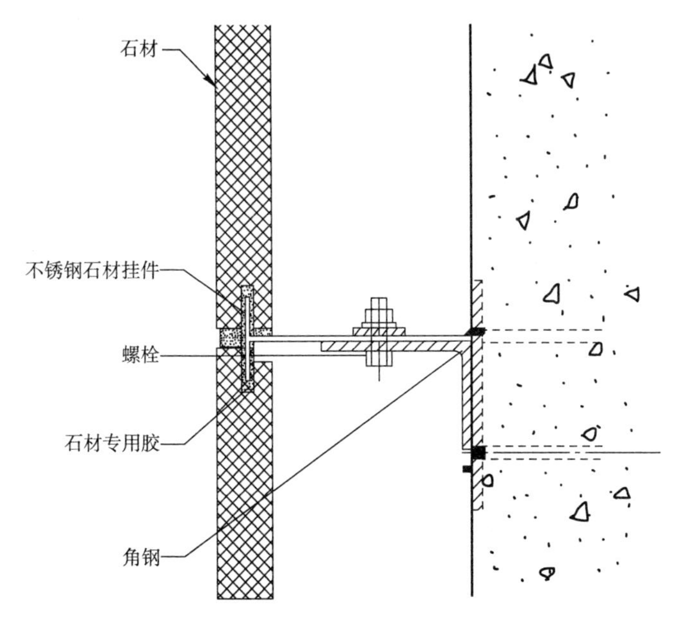

图 1－3　短槽支撑石板用不锈钢挂件示意图

③短槽支撑石板用铝挂竖向和横向示意见图 1－4 和图 1－5。

④短槽支撑石板安装示意图（图 1－6）。

4. 可更换式幕墙背栓体系

可更换式幕墙背栓体系是由德国慧鱼集团在 20 世纪 90 年代初为解决干挂体系在建筑结构构造中的局限及问题，从其先进成熟的结构锚固技术上发展研制而成的技术体系化产品（图 1－7）。可更换式幕墙背栓体系与传统干挂工艺相比，具有以下优点：

（1）结构体系

①板材计算简单明了，破坏状态明确。整个体系传力清晰简洁，在正常情况下，充分利用板材抗弯强度，并可通过静力计算准确得到材料抗力能力，设计控制破坏状态与实际破坏达到很好地符合。

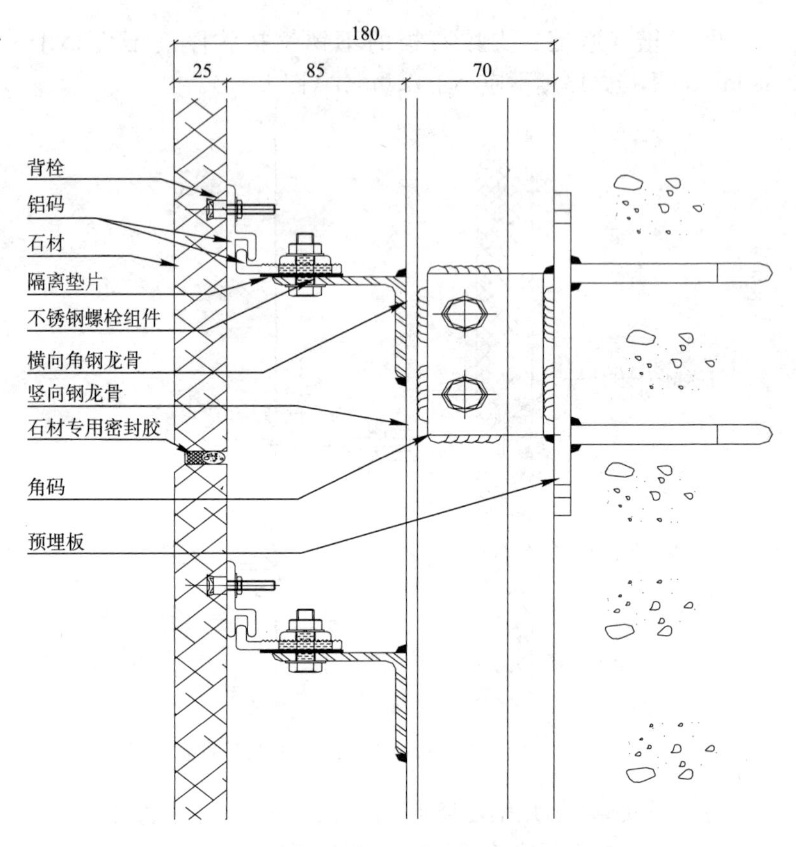

图 1－4　短槽支撑石板用铝挂钩竖向示意图

②板材之间独立受力，独立安装，避免因相互连接而产生的不确定性应力积累、应力集中导致板面变形或破坏的危险，提高其长期作用下的使用寿命。

③整个体系充分体现柔性结构的设计意图，即在主体结构产生较大位移或温度变化等情况下不会在板材内部产生附加应力，故特别适用于超高层结构或具有抗震要求的地区，耐候性更强。

（2）施工安装

①工厂化施工程度高，板材上墙后调整工作少，提高了施工安全性及成品保护率。

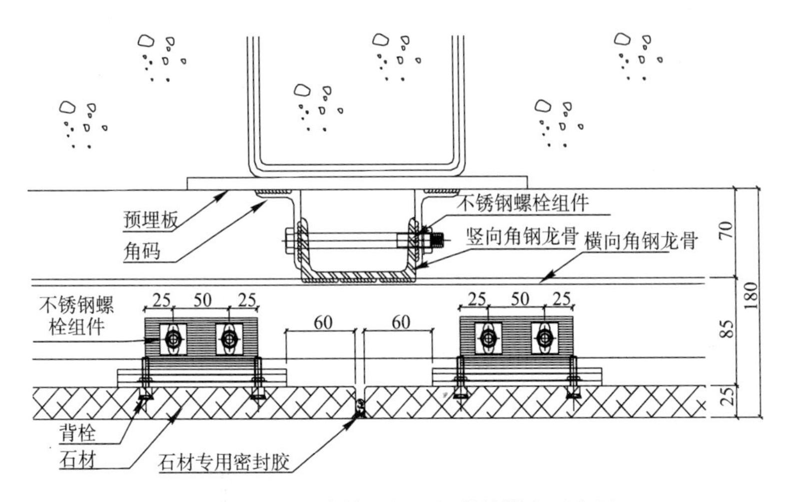

图 1－5　短槽支撑石板用铝挂钩横向示意图

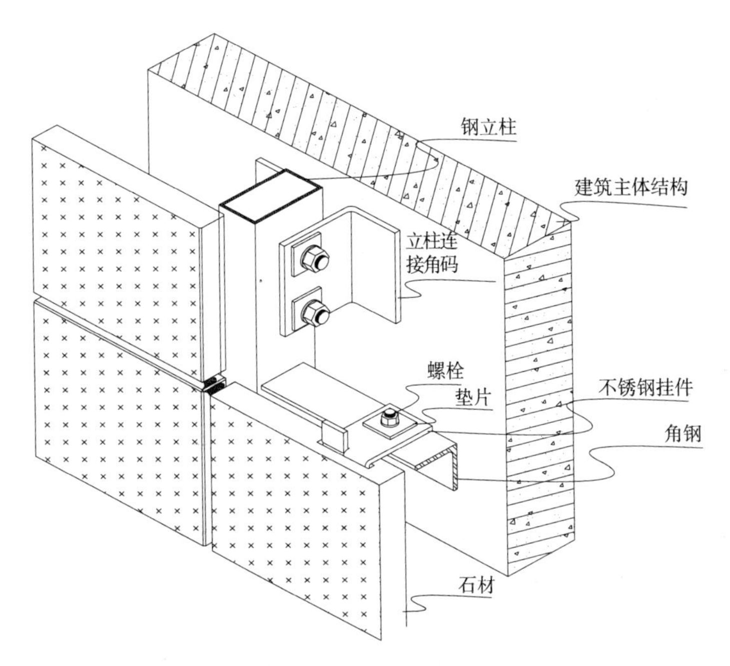

图 1－6　短槽（通槽）支撑石板安装示意图

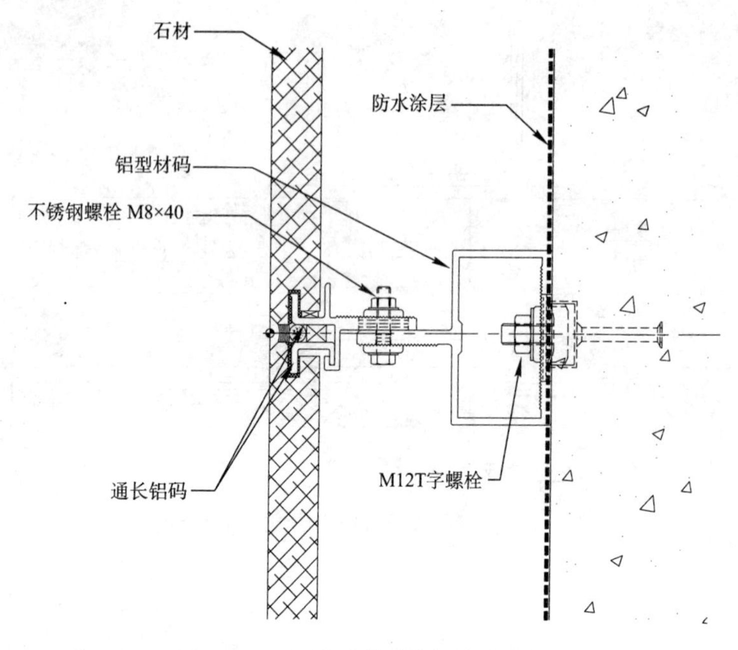

图 1－7　可更换式幕墙背栓体系示意图

②节点做法灵活，可充分展现建筑细部构造。

③利用幕墙内外等压对流开缝原理（板缝不打胶），提高结构防水抗渗及保温节能功效。同时降低建设成本，减少幕墙长期维护费用。

④板材拆换便捷。

5. 陶土板幕墙

建筑的舒适性、与自然融合、绿色环境已成为建筑设计师重点考虑要素，这一理念已得到全球建筑师广泛认可。在中国，建筑节能已被政府列为重点发展方向。陶土板以其绿色、环保及节能特性，已成为欧洲建筑幕墙的主要材料。

陶土板的原材料为天然陶土，不添加任何其他成分，不会对空气造成任何污染，陶板的颜色完全是陶土的天然颜色，绿色环保、无辐射、色泽温和，不会带来光污染。陶土板质感淳朴，而且陶板可选之色多达 14 种，能够满足建筑设计师和业主对颜色的选择，从而赋予建筑自然典雅的艺术气息。优异的保温降噪性能，能有效节能，提高使用舒适性。陶土板外形及色彩恒久稳定，使建筑在历经多年后仍能保持原貌而无陈旧感。在设计的运用中，还可灵活搭配玻璃及其他传统材料，传达与众不同的建筑效果。

在中国，陶土板还是一种全新的幕墙材料。以前因陶土板全部依赖进口，价格高昂，供货期长，未被广泛应用，随着陶土板本土化生产的发展将会得到更为广泛应用。图 1－8、图 1－9 和图 1－10 分别为陶土板安装竖向、横向节点和阳角节点。

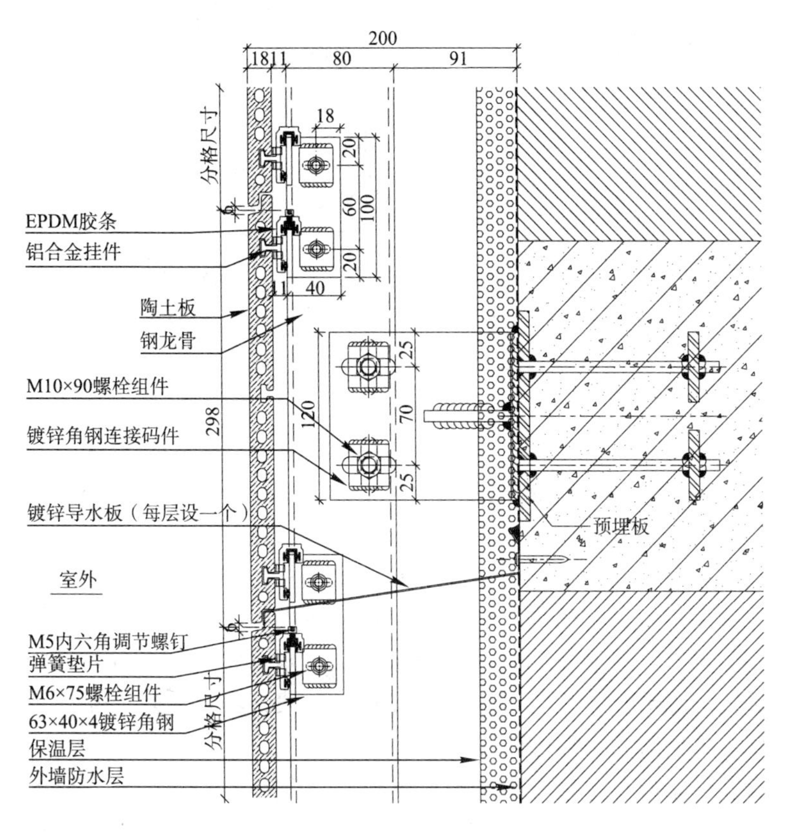

图 1－8　陶土板幕墙安装节点Ⅰ——竖向节点

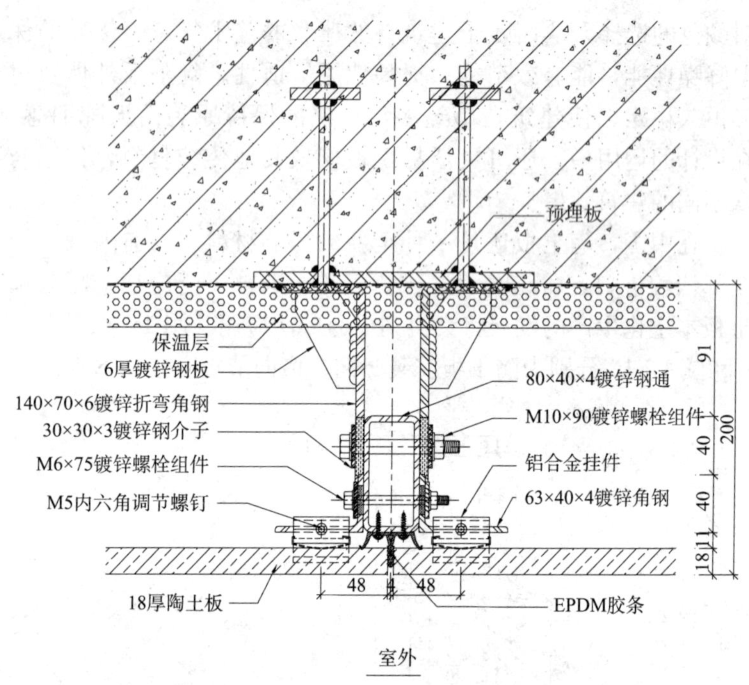

图 1-9　陶土板幕墙安装节点Ⅱ——横向节点

四、幕墙发展前景

随着科学技术和工业生产的发展，许多有利于幕墙发展的新原理、新材料和新工艺开发出来，并成功应用到幕墙设计和制造上。如各种规格和形式多样的铝合金型材、各种玻璃的研制和生产、各种高质量密封材料的研制和生产、结构硅酮密封胶和耐候密封胶的研制和生产、各种防火隔热和隔声材料的研制和生产，使幕墙的抗风压变形性、抗雨水渗漏性、抗空气渗透性、隔声性等有了可靠的保证，从而使幕墙在近几十年内得到了飞速的发展和广泛的应用。

近年来，随着改革开放深入，节约能源、环境保护已成为被广泛关注的重要课题。经过幕墙业各位专家学者的共同努力，双层呼吸式幕墙的研制和成功应用有效地节约了能源，但因其

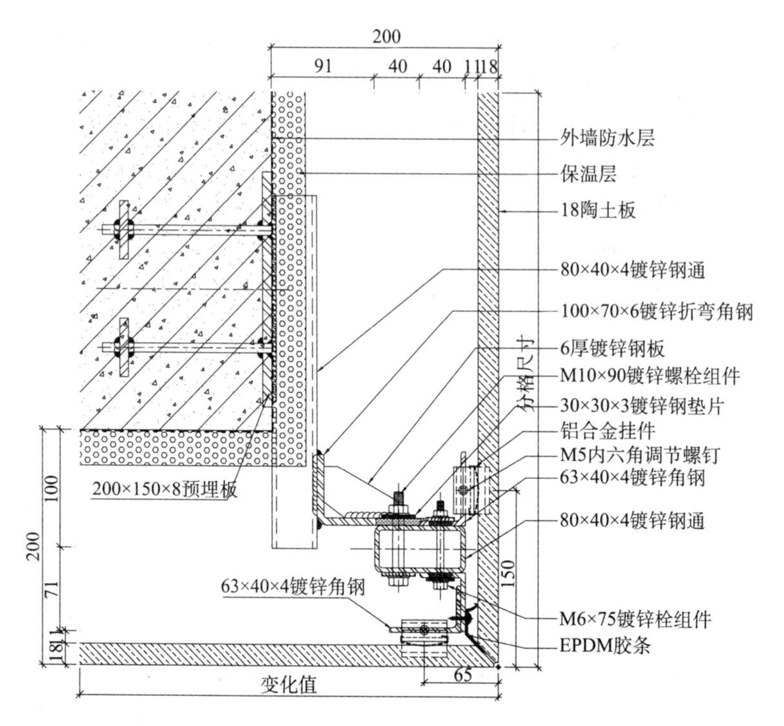

图 1－10　陶土板幕墙安装节点Ⅲ——阳角安装节点

高昂的成本还未被大量采用。

第二节　幕墙的分类

幕墙的种类很多，一般有以下分类：

一、按幕墙板面材料分

1. 玻璃幕墙

玻璃幕墙板面材料为玻璃。玻璃幕墙可分为单层玻璃幕墙和中空玻璃幕墙。

2. 金属幕墙

金属幕墙板面材料为金属铝板。金属幕墙分为单层铝板幕墙、铝塑复合铝板幕墙、蜂窝铝板幕墙、不锈钢板幕墙、搪瓷板幕墙。

3. 钢筋混凝土板幕墙

幕墙板面材料为钢筋混凝土预制板的幕墙。

4. 石材板幕墙

幕墙板面用大理石和花岗石等装饰石材的幕墙。

5. 陶土板幕墙

幕墙板面用陶土板的幕墙。

二、玻璃幕墙按结构形式分

1. 框架支撑玻璃幕墙

幕墙的构造方式是在由立柱和横梁组成的框架中镶嵌玻璃或其他嵌入体，立柱固定在承重结构上，由它传递幕墙所承受的各种荷载和幕墙本身的重量。

（1）明框玻璃幕墙

幕墙的横梁和立柱均外露，形成铝框分格明显的幕墙，立、平、剖面见图 1－11，基本节点如图 1－12 所示。

明框幕墙玻璃夹在竖（横）铝料与外盖之间，用胶条隔离，既可起到密封和减振，又对玻璃起到保护作用，此类幕墙外观线条清晰，安全可靠。

（2）隐框玻璃幕墙

幕墙的立面框架不外露，用硅酮结构胶将玻璃粘结在铝副框上组装成玻璃板块挂于框架上，玻璃板块之间再用泡沫垫杆和硅酮耐候胶封闭，可调节因气候变化对幕墙的不利影响。铝框全部隐蔽在玻璃后面，大面积全玻璃镜面和玻璃间很窄的胶缝，形成大面积的玻璃墙，使建筑物更加宏伟壮观，同时也造成光污染的现象出现。其立、平、剖面效果见图 1－13，基本节点见图 1－14。

（3）半隐框玻璃幕墙

幕墙立面框架部分外露，介于明框幕墙和隐框幕墙之间，是将玻璃两对边嵌在铝框内，另两对边用结构胶粘结在铝副框上，形成半隐框玻璃幕墙。半隐框玻璃幕墙通常可分为两种形式：

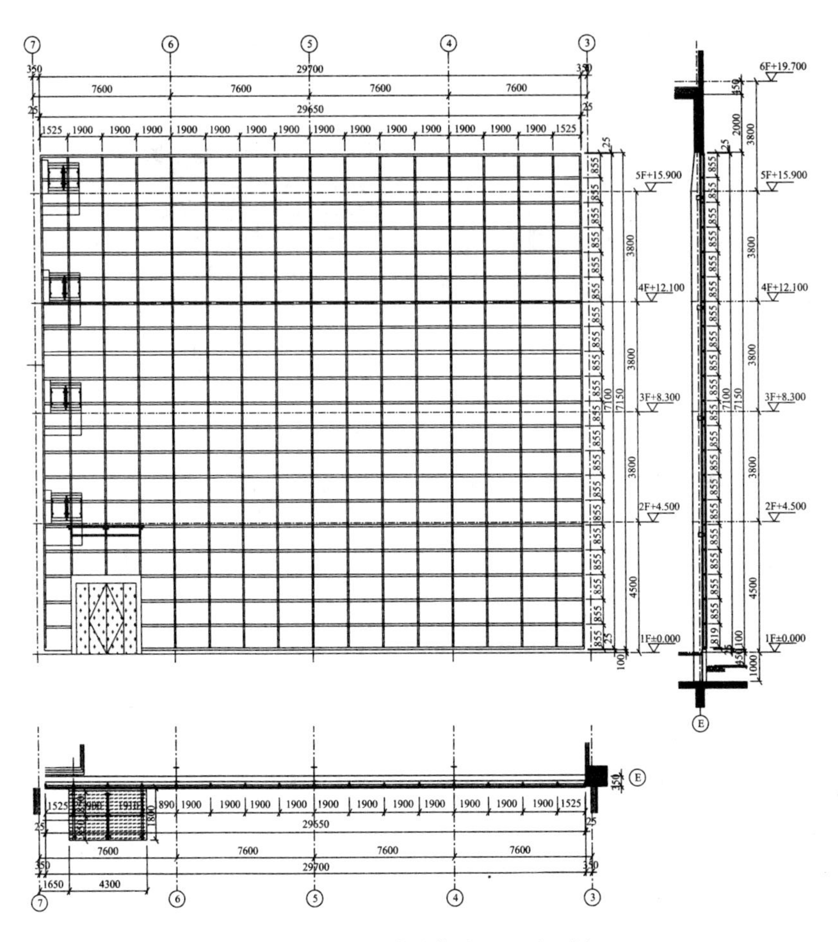

图 1－11　明框玻璃幕墙立、平、剖面

①立柱隐蔽横梁外露的幕墙称为横明竖隐幕墙。其立、平、剖面见图 1－15，基本节点见图 1－16。

②立柱外露横梁隐蔽的幕墙称为竖明横隐幕墙。其立、剖面见图 1－17，基本节点见图 1－18。

2. 全玻璃幕墙

全玻璃幕墙的主要构成是面玻璃和肋玻璃，因此基本上是透明的，使室内外在视觉上成为一个空间，构成内外环境通透效果。

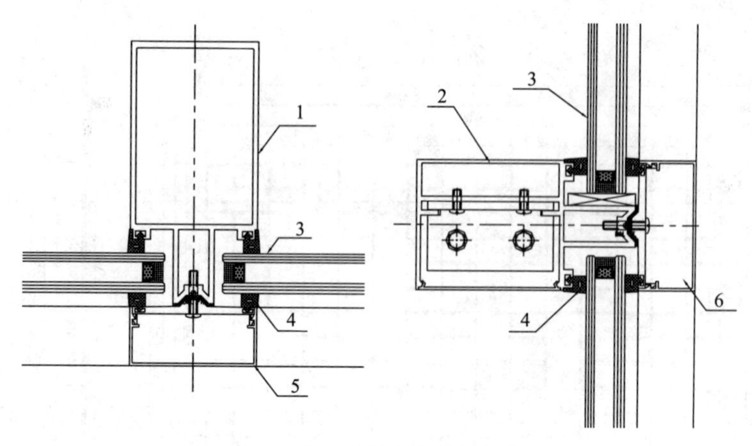

图 1-12　明框幕墙基本节点

1—幕墙竖框；2—幕墙横框；3—玻璃；4—密封胶条；5—竖向外盖；6—横向外盖

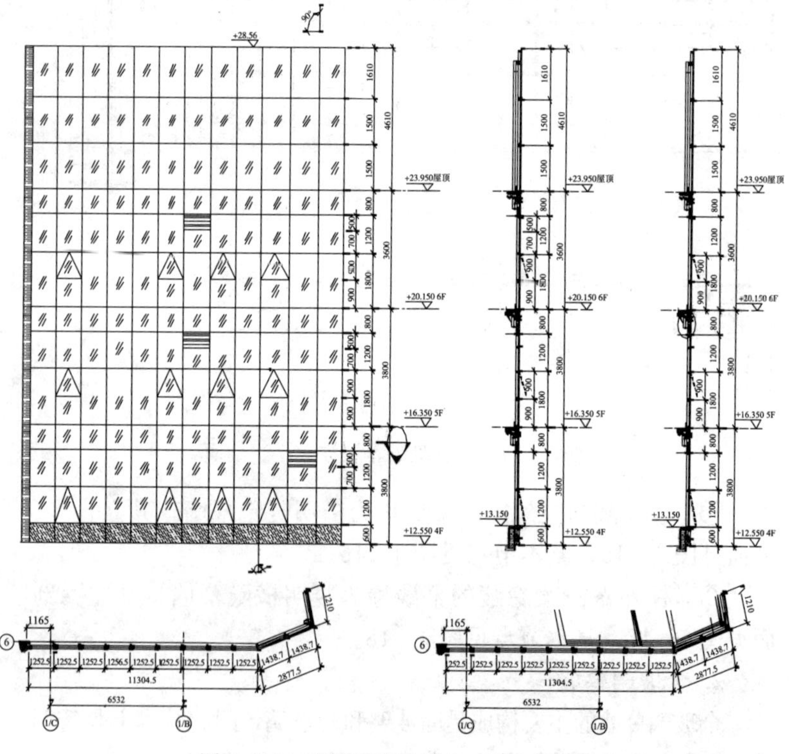

图 1-13　隐框玻璃幕墙立、平、剖面

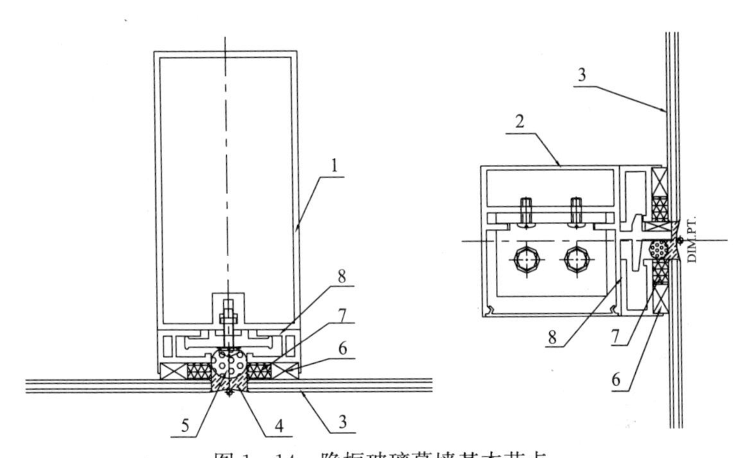

图 1-14　隐框玻璃幕墙基本节点

1—幕墙竖框；2—幕墙横框；3—玻璃；4—硅酮耐候密封胶；
5—泡沫条；6—双面胶条；7—硅酮结构密封胶；8—玻璃副框

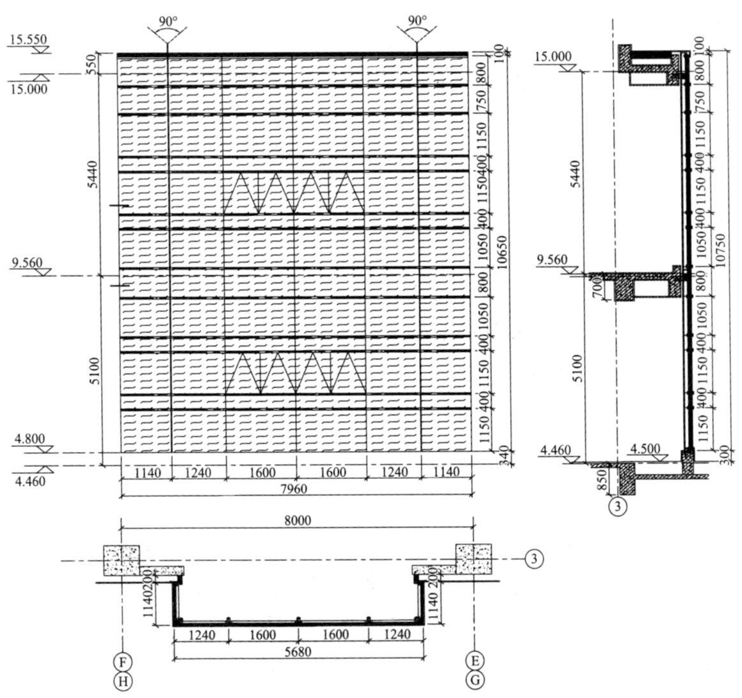

图 1-15　横明竖隐半隐框玻璃幕墙立、平、剖面

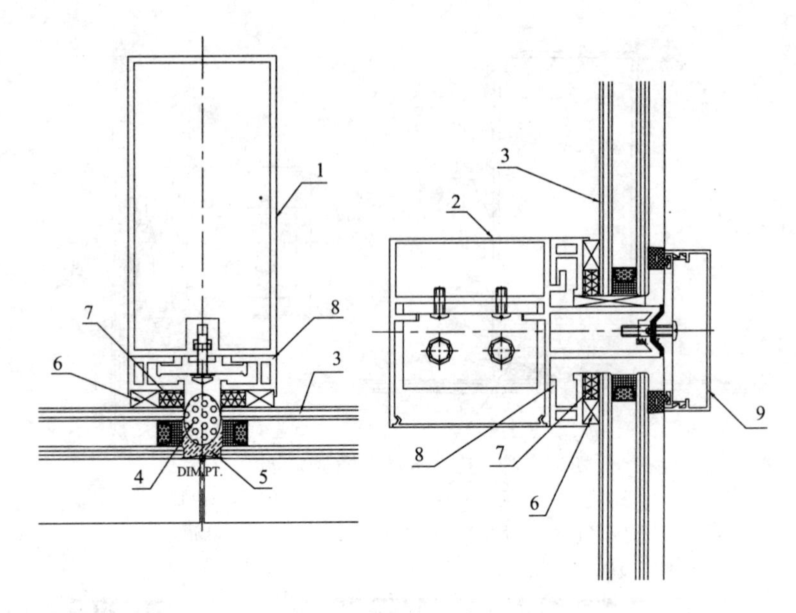

图 1－16　横明竖隐半隐框玻璃幕墙基本节点

1—幕墙竖框；2—幕墙横框；3—玻璃；4—硅酮耐候密封胶；5—泡沫条；
6—双面胶条；7—硅酮结构密封胶；8—玻璃副框；9—横向外盖

全玻璃幕墙的支撑系统是风荷载和地震荷载作用于面板，面板将荷载传至肋玻璃。肋玻璃如同简支梁，将荷载通过上、下支承传送至建筑主体结构。

全玻璃幕墙由其高度不同、支承系统不同可分为：

（1）落地式全玻璃幕墙

当幕墙高度不大于 5m 时，采用下部支承系统（图 1－19 和图 1－20）。

（2）吊挂式全玻璃幕墙

当幕墙高度大于 5m 时，为避免面板和肋在自重下受压力过大而变形或失去稳定，应采用悬挂的支承系统。吊挂式全玻璃幕墙主要由上部悬挂支承（包括悬挂钢结构、吊具、天槽等）和下部支承（包括地槽和垫块等）组成支承系统（图 1－21）。

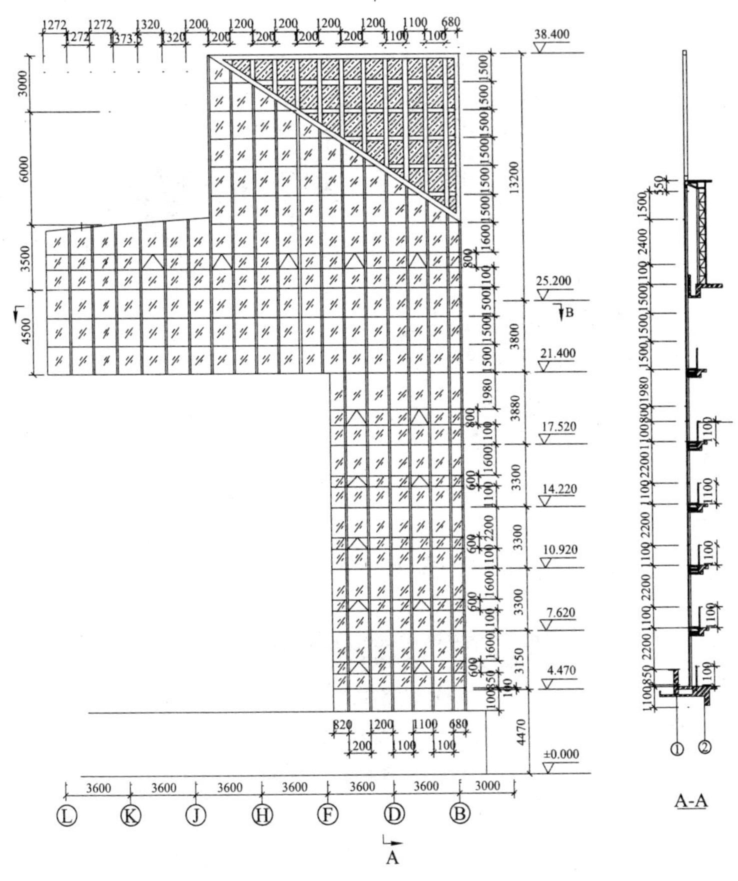

图 1-17 竖明横隐半隐框玻璃幕墙立、剖面

3. 点支承式（或称驳接式）玻璃幕墙

点支承式玻璃幕墙的玻璃面板由支承点支承，通常为四点支承，当玻璃面积过大时可以采用 6 点支承。

作用在点支承式幕墙上的荷载主要有：

平面内：竖向重力荷载；温度作用；平面内地震作用。

平面外：风荷载；水平地震荷载。

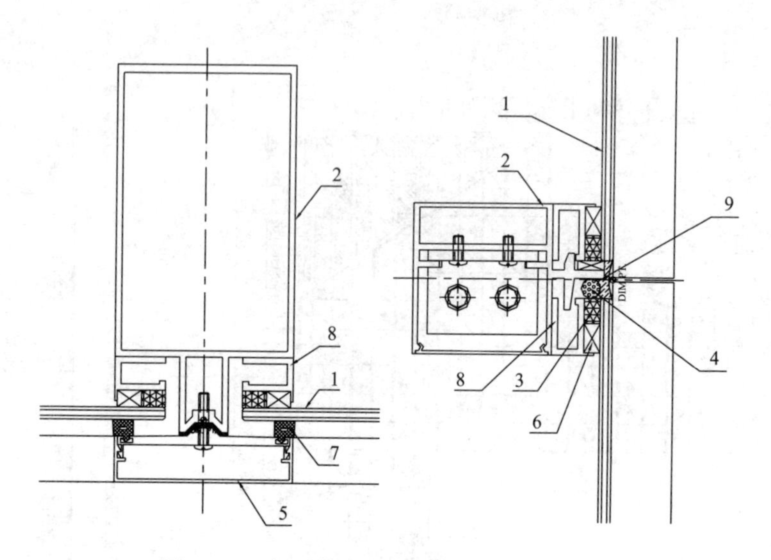

图 1－18　竖明横隐半隐框玻璃幕墙基本节点

1—幕墙竖框；2—幕墙横框；3—玻璃；4—硅酮耐候密封胶；5—竖向外盖；
6—双面胶条；7—硅酮结构密封胶；8—玻璃副框；9—泡沫条

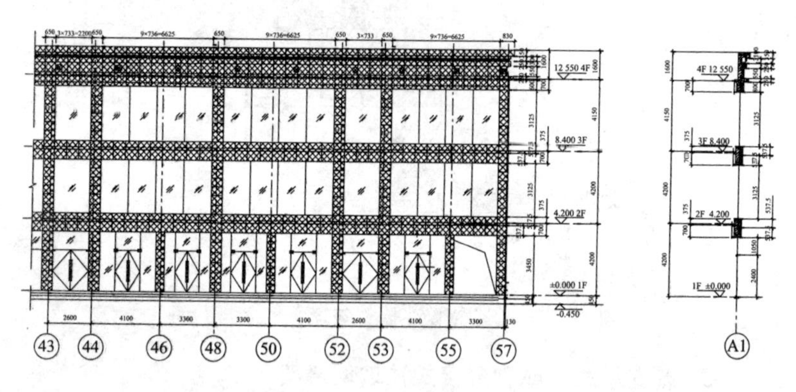

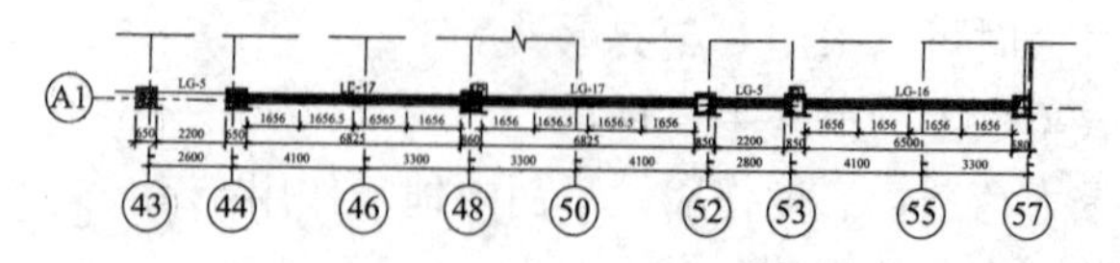

图 1－19　落地式全玻璃幕墙立面效果

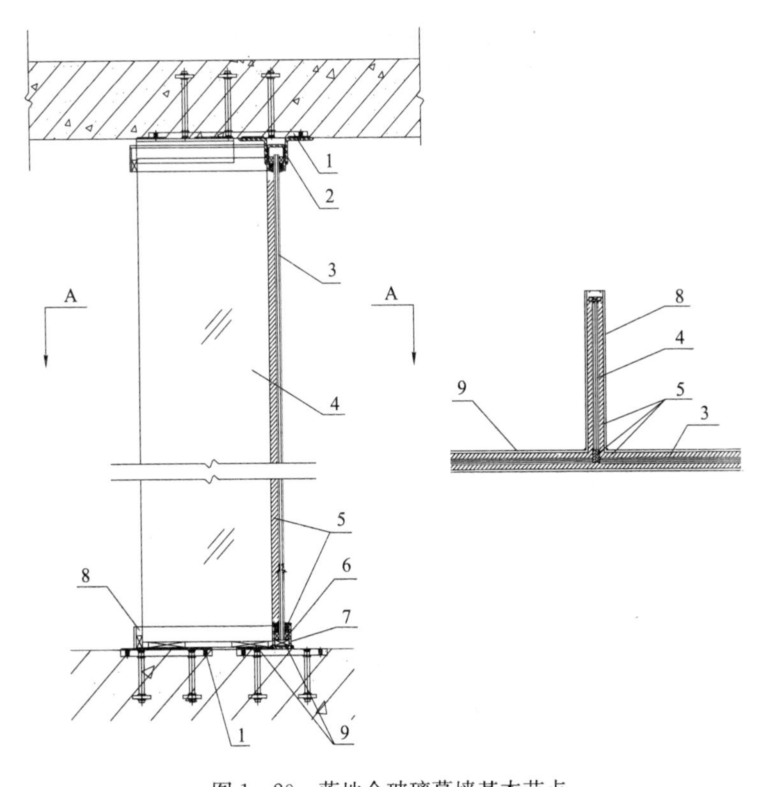

图 1-20　落地全玻璃幕墙基本节点

1—预埋板，2—钢角码；3—面玻璃；4—肋玻璃；5—结构胶；
6—双面胶条；7—钢槽（用于面玻璃顶、底部）；8—肋玻璃用钢槽；9—玻璃垫块

对于点支承式幕墙起控制作用的是：平面内为重力荷载，平面外为风荷载。

垂直于幕墙平面的风力、地震力及竖向重力荷载由钢爪承受并可靠地传至支承结构。幕墙在平面内和平面外的荷载作用下，承受的所有外力最终通过支承结构传递到建筑主体结构上去。

点支承式（或称驳接式）玻璃幕墙由于支承结构不同可分为：

（1）拉索式点连接玻璃幕墙

它由玻璃面板、索桁架、锚定结构三部分组成。幕墙玻璃面板用不锈钢驳接爪固定在索桁架上，索桁架固定在锚定结构

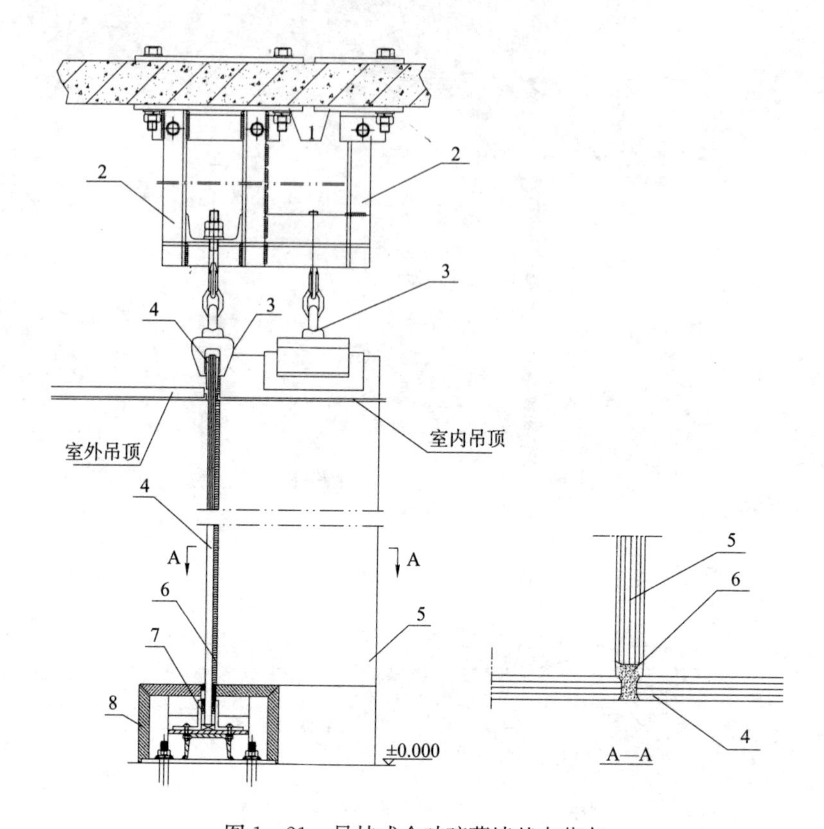

图 1-21　吊挂式全玻璃幕墙基本节点

1—预埋板；2—顶部吊架组件；3—吊夹；4—面玻璃；5—肋玻璃；
6—全玻璃幕墙专用硅酮结构密封胶；7—底部支撑组件；8—底部装修

上，它由按一定规律布置的高强度的索及连接杆组成。索桁架起着形成幕墙系统、承担幕墙承受的荷载并将它可靠地传至锚固结构的任务。锚固结构是指支承框架（屋面梁、楼板梁、地锚、水平基础梁等组成），它承受索桁架传来的荷载，并将它们可靠地传到土建结构上（图 1-22 和图 1-23）。

目前只设竖向拉索的单索幕墙以它更为简单的形式和安全可靠结构被广泛应用，即幕墙所承受的各种荷载由竖向拉索传递到顶（底）部建筑结构上，不设横向索（图 1-24）。

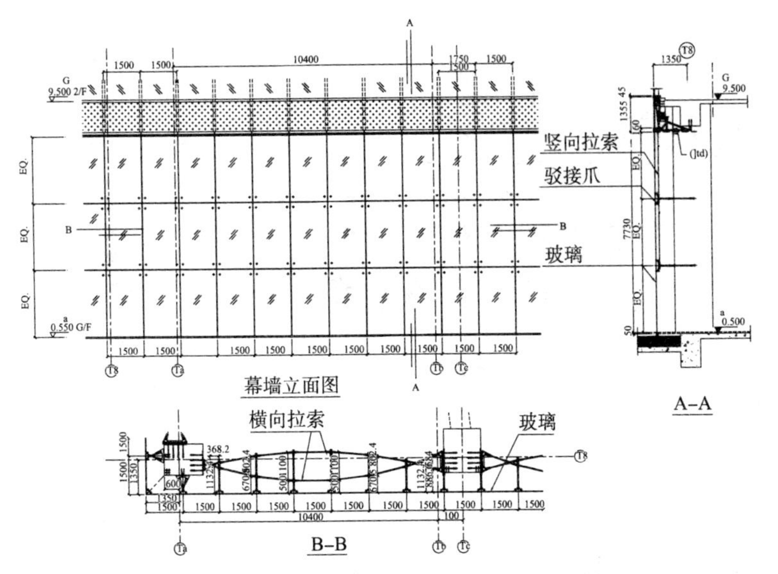

图 1-22　拉索点支式全玻璃幕墙立面、平面、剖面图

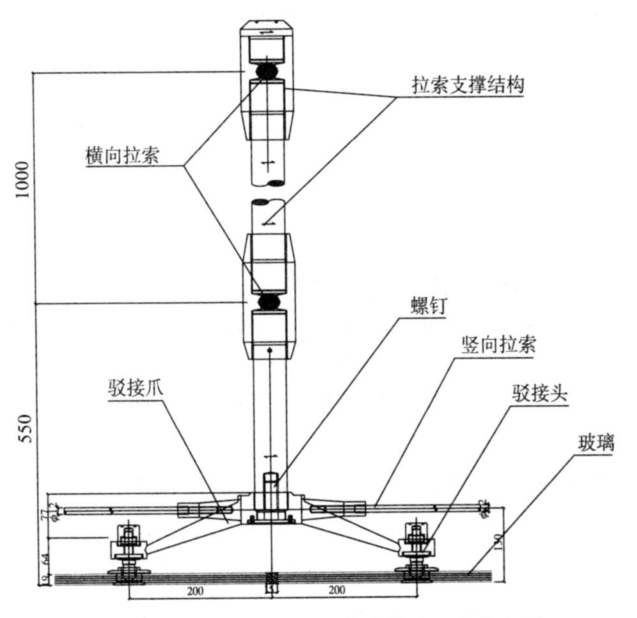

图 1-23　拉索点支式全玻璃幕墙基本节点图

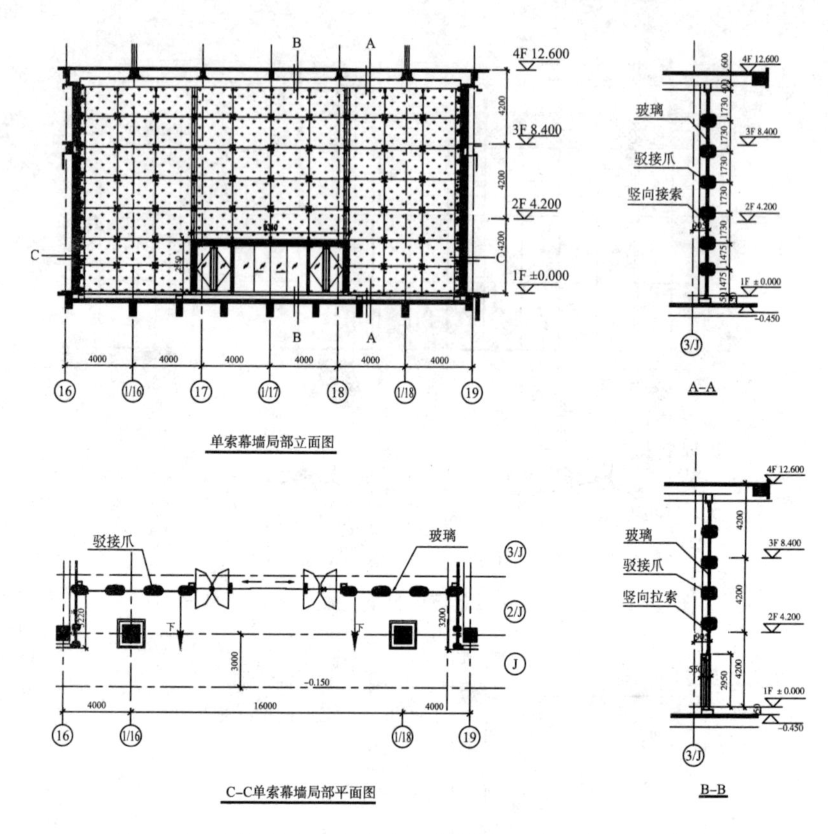

图 1-24　竖向单拉索点支式全玻璃幕墙立面、平面、剖面图

（2）钢结构点支承式全玻璃幕墙

钢结构点支承式全玻璃幕墙采用钢结构作为支承受力体系，在钢结构上伸出钢爪固定玻璃。该幕墙玻璃四角的钢爪承受着荷载和地震作用并传到后面的钢结构上，最后传到土建结构上，所用的钢结构可以是钢管、钢杆、方通，可视外装饰效果和幕墙受力结构计算及建筑结构的具体情况，在同一幕墙中几种钢结构同时使用或单一使用。图 1-25 所示钢结构点支式全玻幕墙，因建筑结构不同，在 A-A 剖面处支撑体系设计为钢管，而在 B-B 剖面处幕墙支撑体系设计钢桁架体系，既保证了幕墙外观效果又满足了结构要求。

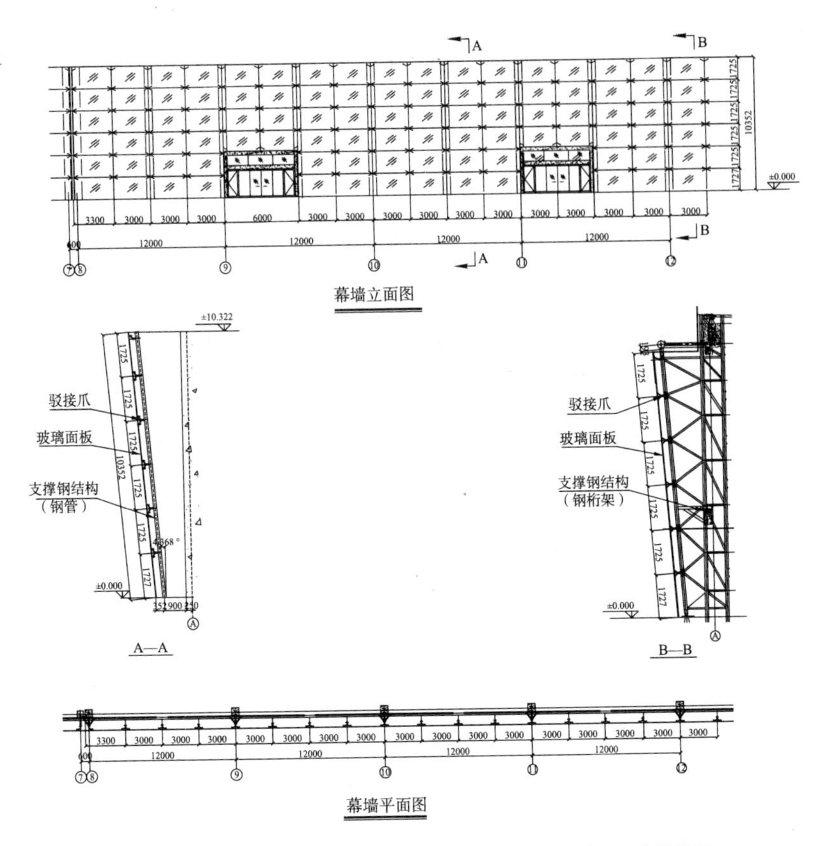

图 1－25　钢结构点支式全玻璃幕墙立面、平面、剖面图

点支式全玻璃幕墙，通常是在玻璃边部打孔，驳接爪固定玻璃两侧面，夹持住玻璃，两块玻璃之间用硅酮结构胶密封（图 1－26）。

随着点支式全玻璃幕墙被广泛应用，直接在两块玻璃胶缝处夹持玻璃的新式驳接爪的出现，避免了因玻璃打孔而产生的应力集中对玻璃的损坏，因其造型简洁，使幕墙更加通透而被采用（图 1－27）。至于在幕墙工程中的具体选用，应视工程的具体情况而定。

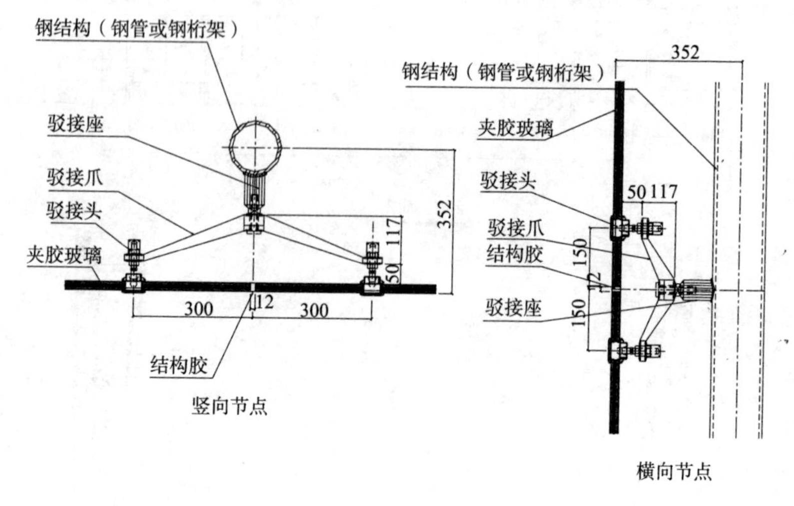

图 1-26　钢结构点支式全玻璃幕墙基本节点图（一）

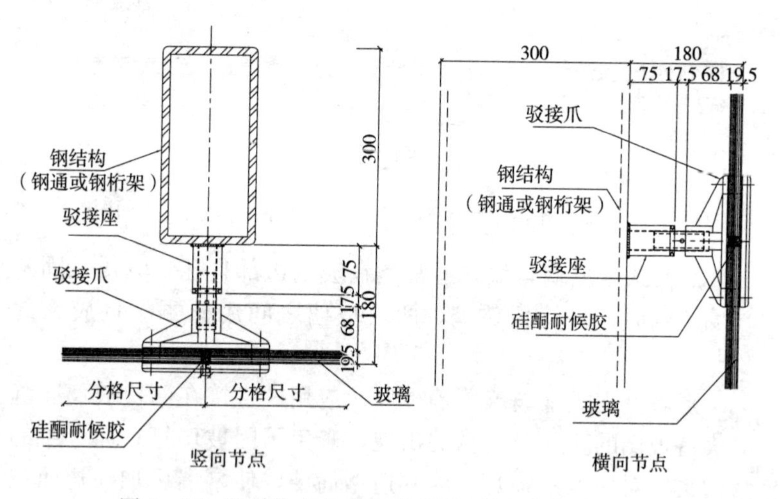

图 1-27　钢结构点支式全玻璃幕墙基本节点图（二）

三、按构造形式分

1. 构件式幕墙

幕墙构架由竖框、横框组成，在框格内镶嵌和粘贴玻璃板材或其他板材。此种玻璃的特点是框料按次序上墙安装，可现场调节，材料可散件运输，方便现场装配，结合部位可调整。但现场工作量较大，是现阶段国内幕墙的主要形式。

2. 单元体式幕墙

这种幕墙是将金属构件竖横框料和玻璃及其他板材做成一个大的单元体，一般是楼层高度为一块单元墙体，每个单元直接安装在建筑主体的框架结构上，各单元体间缝隙用橡胶密封。此种幕墙近年来国内大型建筑已较多采用。

这种幕墙的特点是：单元体可在工厂内预制生产，因单元体都较大，运输量及运输费用都高，但工地现场工作量小，安装速度快、质量好，对建筑主体要求也严格。

3. 呼吸式幕墙

近年我国引进开发了一种新型的玻璃幕墙——环保型节能呼吸式幕墙。呼吸幕墙由来已久。这种幕墙可以获取大量日照，提供良好的自然通风，又能节约能源，并为室内提供舒适的环境，因此被称之为新一代幕墙。

呼吸式幕墙又称双层幕墙、双层通风幕墙、热通道幕墙等，20 世纪 90 年代在欧洲出现，它由内外两层幕墙组成，内外幕墙之间形成一个相对封闭的空间，空气可以从下部进风口进入，从上部排风口离开这一空间，当进风口和排风口处于开启状态时，这一空间空气处于流动状态，热量在这一空间流动；当排风口和进风口处于关闭状态时，这一空间空气处于静止状态，热量在这一空间被保存。

（1）呼吸式幕墙的设计原理

呼吸式幕墙由内外两层玻璃幕墙组成，从原理上，呼吸式幕墙采用“烟囱效应”与“温室效应”的原理。与传统幕墙相比，它的最大特点是由内外两层幕墙之间形成一个通风换气层，由于换气层中空气的流通或循环作用，室内层幕墙的温度接近室内温度，减小温差，因而它比传统的幕墙采暖时节约能源42%～52%，制冷时节约能源38%～60%。另外由于双层幕墙的使用，整个幕墙的隔声效果得到了很大的提高。呼吸式幕墙根据通风层的结构的不同可分为“封闭式内循环体系”和“敞开式外循环体系”两种。

①封闭式内循环体系呼吸式幕墙。

这种幕墙一般在冬季较为寒冷的地区使用，其外层原则上是完全封闭的，一般由断热型材与中空玻璃组成外层玻璃幕墙，其内层一般为单层玻璃组成的玻璃幕墙或可开启窗，以便对外层幕墙进行清洗。两层幕墙之间的通风换气层一般为100～200mm。通风换气层与吊顶部位设置的暖通系统抽风管相连，形成自下而上的强制性空气循环，室内空气通过内层玻璃下部的通风口进入换气层，使内侧幕墙玻璃温度达到或接近室内温度，从而形成优越的温度条件，达到节能效果。在通道内设置可调控的百叶窗或垂帘，可有效地调节日照遮阳，为室内创造更加舒适的环境。

根据英国劳氏船社总部大厦及美国西方化学中心大厦的使用来看，其节能效果较传统单层幕墙相比达50%以上（图1-28）。

②敞开式外循环体系呼吸式幕墙。

敞开式外循环体系呼吸式幕墙与“封闭式呼吸式幕墙”相反，其外层是单层玻璃与非断热型材组成的玻璃幕墙，内层是由中空玻璃与断热型材组成的幕墙。内外两层幕墙形成的通风换气层的两端装有进风和排风装置，通道内也可设置百叶等遮阳装置。冬季时，关闭通风层两端的进排风口，换气层中的空气在阳光的照射下温度升高，形成一个温室，有效地提高了内层玻璃的温度，减少建筑物的采暖费用。夏季时，打开换气层的进排风口，在阳光的照射下换气层空气温度升高自然上浮，形成自下而上的空气流，由于烟囱效应带走通道内的热量，降低内层玻璃表面的温度，减少制冷费用。另外，通过对进排风口的控制以及对内层幕墙结构的设计，达到由通风层向室内输

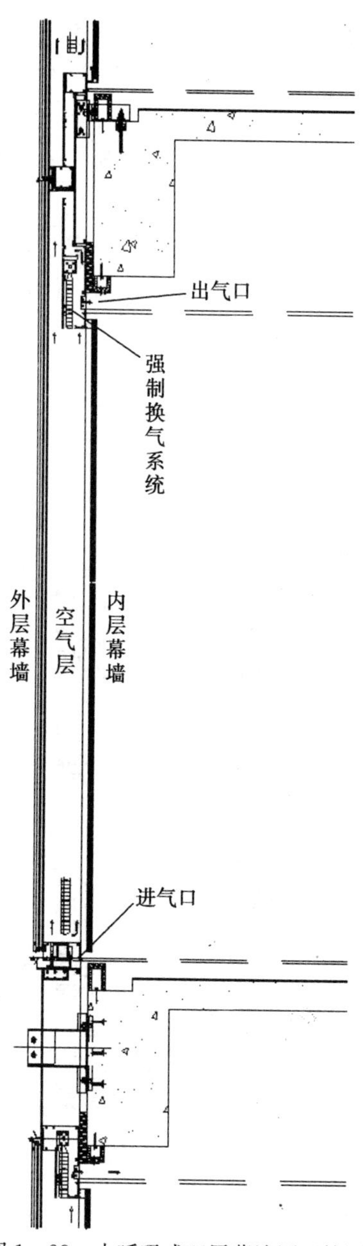

图 1-28　内呼吸式双层幕墙原理简图

送新鲜空气的目的，从而优化建筑通风质量。

可见“敞开式外循环体系呼吸式幕墙”不仅具有“封闭内循环式体系”呼吸式幕墙在遮阳、隔声等方面的优点，在舒适节能方面更为突出，提供了高层超高层建筑自然通风的可能，从而最大限度地满足了使用者生理与心理上的要求。

敞开式外循环体系呼吸式幕墙，在德国法兰克福的德国商业银行总行大厦、德国北莱因-威斯特法伦州鲁尔河畔埃森市的“RWE”集团总部大楼上采用（图1－29）。

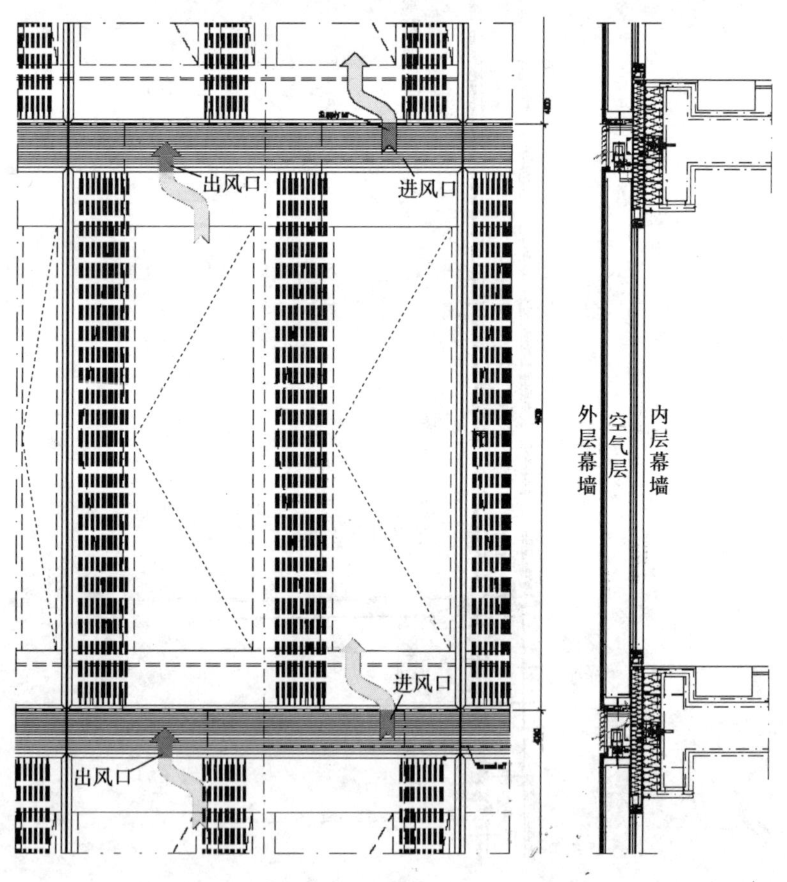

图1－29　外呼吸式双层幕墙原理简图

呼吸式幕墙与传统的单层幕墙相比有如下突出的优点：

从原理上，呼吸式幕墙采用“烟囱效应”与“温室效应”的原理，是从幕墙的功能上解决节能问题；单层幕墙则只是从材料的选用上，通过材料本身的特性来达到一定的节能效果。

从环保上，呼吸式幕墙由于其功能解决节能，外层玻璃选用无色透明玻璃或低反射玻璃，可最大限度地减少玻璃反射带来的不良影响（“光污染”）；单层玻璃幕墙为保证室内外效果与节能的考虑，玻璃一般选用具有一定反射功能的镀膜玻璃。

从节能上，呼吸式幕墙由于换气层的作用，比单层幕墙节能约50%，是解决建筑节能的一个新的方向。

从使用上，换气层的出现，使呼吸式幕墙夏季节省制冷费用，冬季可节省取暖费用。同时遮阳百叶置于换气层，能有效地防止日晒又不影响立面效果。

从舒适度方面，呼吸式幕墙的隔声性能可达到55dB，让室内生活与工作的人们有一个清静的环境；另一方面，无论天气好坏，勿需开窗换气层都可直接将自然空气传至室内，为室内提供新鲜空气，从而提高室内的舒适度，并有效地降低高层建筑单纯依赖暖通设备机械通风带来的弊病。

呼吸式幕墙的上述优点，使之在国际上众多发达国家得到了很大的发展，在我国已开始得到重视，并进入使用阶段。

(2) 呼吸式幕墙的应用

由于“封闭式内循环体系呼吸式幕墙”与大厦的通风系统相连接，它的运行会增大通风系统的功率，从而需增大投入与消耗，因而其应用不多。“敞开式外循环体系呼吸式幕墙”作为一种更新形式的呼吸式幕墙得到了广泛采用。下面将以“敞开式外循环体系呼吸式幕墙”为例，对呼吸式幕墙系统的应用作介绍。

①结构形式

呼吸式幕墙由于是双层体系，两层幕墙可以根据建筑效果的需要有很多种组合，但是为了最大限度地突出呼吸式幕墙的通风、节能、环保的特点，一般采用如下几种结构形式：

a. 内外层结构一体式，即内外层幕墙做成一体或一个单元。构成通风层的内外两层幕墙共用一根竖骨料，外层可做成明框或隐框形式，内层则做成可开启窗或固定窗。当两层幕墙一体地做成单元式，则每个单元犹如一个个玻璃箱子，因此也被称为“箱体式幕墙”。

b. 内外层结构分体式，即内外两层幕墙各成体系，为形成通气层通过其他方式进行隔断。由于此种形式的两层幕墙分别独立，外层结构可选用明框、隐框或点式玻璃幕墙结构，内层结构可选用各种幕墙形式或推拉、平开窗的形式。

外层幕墙作为建筑物的外表，一方面直接反映的是建筑物的造型，另一方面作为外围护结构，它还承受风荷载、防雨水等作用，因而其结构在强度与水密性方面应作为重点考虑。内层幕墙由于其主要是与外层结合形成换气层，所以更应注意其与室内功能的配合，对其密封性能要求可适当降低。

②换气层与材料

呼吸式幕墙换气层是关键，其进出风口的设置、换气层的宽度大小、材料的选用等直接影响到其性能的发挥。

一般来讲，北方寒冷地区因采暖时间长，选用呼吸式幕墙时，主要是利用换气层的“温室效应”来减少室内热量的散失。内层采用中空 LOW－E 玻璃、断热铝型材，以及相对较大的换气层宽度，将会达到较好的节能效果。

南方温暖地区，因冷气使用时间较长，利用呼吸式幕墙换气层的“烟囱效应”来降低内层玻璃表面的温度以达到节能目的。因此外层采用热反射玻璃，以及相对较小的换气层宽度，将会增强烟囱效应的效果，达到最佳的节能效果。

呼吸式幕墙在我国刚刚起步，还会有很多具体问题需要解决，如换气层的宽度（体积）确定，如何才能使其保温节能与隔声降噪达到最佳，目前缺乏理论依据，只能依赖试验，需从设计计算上找到理论依据。

③进出风口的设计

进出风口的设计也是呼吸式幕墙的一个重点，选用不当时，一方面会造成换气层循环气流的短路，降低节能效果；另一方面进风口会带入大量的灰尘而影响建筑的外观效果，尤其是西北风沙较大的地区更应慎重。我国的自然气候、环境条件不同于欧美国家，即使在国内，由于我国地域辽阔，各地气候、温度差异也很大。因此，如选用这种幕墙形式，尤其是采用外循环幕墙时，最好能根据当地条件进行试验。有条件的科研设计单位可以选择相应课题进行研究，做好技术储备，选择好合适的热通道尺寸、进出风口大小，保证幕墙保温节能及隔声降噪达到最佳。同时由于我国北方大部分地区春秋季节风沙天气较多，尤其可吸入颗粒物和昆虫非常严重，欧洲的外循环体系结构从防尘与清洗等方面不能完全满足我国北方地区要求。因此采用外循环体系结构设计时，应充分考虑适合我国实际情况的防尘与清洗形式。

由于换气层的烟囱效应会造成消防上的隐患，所以在通风换气层的设计时，应与大厦防火分区设计相结合。

成本问题，也是呼吸式幕墙推广使用的一大障碍。呼吸式幕墙由于结构双层、技术含量高，较单层幕墙价格高，如果采用呼吸式幕墙，一次性投资会增加。

第三节　幕墙建筑设计

这部分内容属于建筑部门在建筑图纸设计时统一考虑的问题。他们根据建筑物的特点，对其所采用的幕墙，提出形式、立面分格、功能、物理性能等方面的要求，制作厂家按要求进行制作。在我国由于体制的原因，这些工作往往是制作厂家来做，或是由制作厂家提出方案，再通过建筑部门认可，这种做法符合我国国情，是否妥当，有待进一步探讨。

1. 幕墙的选型

建筑师不仅要考虑幕墙立面的新颖、美观，而且要根据建筑的功能、造价及所具备的施工条件进行造型设计，从而绘制出建筑效果图，最终确定幕墙选用形式。

2. 幕墙的立面设计

分格是幕墙立面设计的重要内容之一，设计者除了考虑美观的立面效果外，必须综合考虑性能、机构、施工的可能性，玻璃利用率等，立面设计的成功与否，不仅给厂家制作带来方便与否，还直接影响到经济效益的好坏。

3. 幕墙的开启部分设计

幕墙立面应根据换气、排烟等需要设置少量可开启部分，可开启部分的窗形可根据立面效果任意选择，考虑节能降耗因素，可开启部分面积不宜过大，一般不大于墙面面积的 15%。开启扇的开启角度不宜大于 30°，开启距离不宜大于 300mm。

4. 幕墙的性能要求

幕墙的设计应根据建筑物所在地的地理位置、气候条件、建筑物高度、体型和环境、建筑物的性质及重要性等各方面的因素，提出对幕墙的性能等级要求。

第四节　幕墙性能

目前必须进行风压变形、空气渗透、雨水渗漏三项基本性能的检测，有特殊功能要求的幕墙，还应进行其他有关功能的检测。

对幕墙性能的要求国家标准 GB/T 15225 已有明确规定，现就其幕墙几项物理性能作以简单介绍。

一、幕墙风压变形性能

幕墙在五十年一遇的瞬时风压作用下其主要受力杆件的相对挠度值在 $L/180$ 以下（L 为主要受力杆件的长度），绝对挠度值不超过 20mm。风压变形性分级值见表 1－1。

幕墙的风压变形性能分级表 **表 1－1**

性能	分级				
	Ⅰ	Ⅱ	Ⅲ	Ⅳ	Ⅴ
风压变形（kPa）	≥5	<5	<4	<3	<2
		≥4	≥3	≥2	≥1

二、幕墙雨水渗透性能

幕墙在风雨同时作用下，应保持不渗漏，以雨水不进入幕墙的表面临界压力值为雨水渗漏性能的分级值，幕墙雨水渗漏试验的淋水量为：4L/（min·m²）。雨水渗透性能分级见表 1－2。

幕墙的雨水渗透性能分级表 **表 1－2**

性能		分级				
		Ⅰ	Ⅱ	Ⅲ	Ⅳ	Ⅴ
雨水渗漏性（Pa）	可开部分	≥500	<500 ≥350	<350 ≥250	<250 ≥150	<150 ≥100
	固定部分	≥2500	<2500 ≥1600	<1600 ≥1000	<1000 ≥700	<700 ≥500

防止雨水渗漏是建筑幕墙的基本功能之一，雨水通过幕墙孔隙渗入室内会浸染房间内部装修和室内陈设物件，不仅影响室内正常活动，并且使人们在心理上形成不能满足建筑基本要求的不安全感，雨水流入幕墙框格的型材中，如不能及时排除，在冬季有将型材冷裂的可能，长期滞留在型材腔内的积水，还会腐蚀金属材料、五金件，影响正常使用，缩短幕墙寿命。因此，幕墙防止雨水渗漏的功能是十分重要的。

三、幕墙空气渗透性能

幕墙应能够保持其气密性，以 10Pa 压力差单位时间内透过单位缝隙长度的空气量为空气渗透性能的分级值。空气渗透性能的分级值见表1－3。

幕墙的空气渗透性能分级表 **表1－3**

性能		分级				
		Ⅰ	Ⅱ	Ⅲ	Ⅳ	Ⅴ
空气渗透［m^3/(m·h)·(10Pa)］	可开部分	≤0.5	>0.5 ≤1.5	>1.5 ≤2.5	>2.5 ≤4.0	>4.0 ≤6.0
	固定部分	≤0.01	>0.01 ≤0.05	>0.05 ≤0.10	>0.10 ≤0.20	>0.20 ≤0.50

建筑幕墙是具有多功能的建筑物外围护结构，防止空气渗透是幕墙的基本功能之一，建筑的通风换气要求在幕墙开设窗户，就必然产生开启窗扇和窗框间的开启缝隙，另外幕墙是由多种构件拼装而成的，还有许多拼装缝隙，这些缝隙在室内外压差（风压和热压）的作用下，就会出现空气渗透现象，引起室温波动，影响室内环境卫生，给人们生产、生活和工作带来一定困难。所以，研究幕墙防止空气渗透性能，提高以幕墙为外围护结构的建筑使用功能具有现实意义。

四、幕墙保温性能

为了使幕墙满足热工要求，我国标准规定以在单位温差作用下，单位时间内通过幕墙单位面积的传热量为保温性能的分级值。保温性能分级值见表1－4。

幕墙的保温性能分级表 **表1－4**

性能	分级			
	Ⅰ	Ⅱ	Ⅲ	Ⅳ
保温性［W/(m^2·k)］	≤0.70	>0.70 ≤1.25	>1.25 ≤2.00	>2.00 ≤3.30

建筑幕墙是建筑物的外围护结构，当然要满足建筑热工的要求，其保温质量不但直接影响建筑物的采暖能耗，而且对建

筑室内热环境和热舒适感，以及室内的卫生状况也有着明显的影响。如果幕墙保温质量不佳，不但引起采暖能耗显著增加，而且会引起室温剧烈波动；幕墙内表面温度过低，不但会加剧与人体之间的辐射换热，而且会出现内表面严重结露，甚至结霜，影响采光，也有碍于卫生。所以保温性能也是幕墙应具有的基本性能之一，它是降低建筑能耗和提高室内热环境质量的重要指标。

五、幕墙隔声性能

幕墙应满足隔声要求，以其空气计权隔声量为隔声性能的分级值。隔声性能的分级值见表1－5。

幕墙的隔声性能分级表 **表1－5**

性　能	分　级			
	Ⅰ	Ⅱ	Ⅲ	Ⅳ
隔声性（dB）	≥40	＜40 ≥35	＜35 ≥30	＜30 ≥25

噪声按人听觉上的主观性来说，是一种不需要的声音，随着工业的发展，噪声给人类带来越多越严重的危害。噪声概括起来可分为三个方面：一是一般强度的噪声，它妨碍人们工作、休息和交谈，引起烦恼，降低工作效率；二是较强的噪声会导致人的耳聋和引起其他疾病；三是特别强的噪声会引起建筑物的损坏和影响仪器设备的正常运行。为了保护人们的身体健康和生活、工作不受噪声干扰，幕墙是建筑物的外围护结构，隔声则是幕墙的基本功能之一，为了人们有个安静的环境，研究幕墙的隔声措施是非常必要的。

除以上叙述的五种性能外，幕墙还应具备防火性能、防雷性能和抗地震性能，这里就不一一叙述了。

复习题

1. 什么是幕墙？
2. 幕墙如何分类？共分几类？
3. 幕墙有哪些物理性能？阐述其三项基本性能内容。
4. 幕墙是承力结构吗？为什么？
5. 幕墙承受哪些外力的作用？
6. 幕墙与主体连接有几个自由度？

第二章　幕墙材料

第一节　一般规定

幕墙材料是保证幕墙质量的物理基础。用幕墙材料制成的幕墙构件，它们的组合必须使幕墙发挥其应有功能和作用，按有关标准规定，对幕墙材料必须有严格的质量要求，所以作为幕墙材料一般应符合下列规定：

（1）幕墙材料应符合现行国家标准、行业标准或其他标准的规定。有些材料目前尚无国家、行业标准时，可制定相应的技术要求，进口材料应有质量保证书和检测报告。

（2）幕墙材料应有足够的耐候性，金属材料和零附件除不锈钢外，钢材应进行表面热镀锌防腐处理；铝合金材料应进行表面阳极氧化处理。

（3）幕墙材料应采用不燃性和难燃材料。

（4）隐框和半隐框幕墙使用的硅酮结构胶，必须有性能和与接触材料相溶性试验合格报告，并应有物理耐用年限和保险年限的质量证书。

第二节　幕墙材料的性能

幕墙所使用的材料，概括起来基本上可以有三部分，即骨架材料、板面和填缝材料。

一、骨架材料

（1）骨架主要有构成骨架的各种型材，以及连接与固定的各种规格的连接件、紧固件、标准和非标准的五金配件。型材如果是采用型钢一类的材料，多使用角钢、方钢管、槽钢等型材。若采用铝合金材料，则多是经特殊挤压成型的各种系列幕墙型材，若采用型钢则表面必须进行热镀锌处理。

①幕墙用铝合金材料的牌号所对应的化学成分应符合现行国家标准《变形铝及铝合金化学成分》（GB/T 3190）的有关规定，铝合金型材质量应符合现行国家标准《铝合金建筑型材》（GB/T 5237）的规定，型材尺寸允许偏差应达到高精级或超高精级。

②铝合金型材采用阳极化、电泳涂漆、粉末喷涂、氟碳喷涂进行表面处理时，应符合现行国家标准《铝合金建筑型材》（GB/T 5237）的规定的质量要求，表面处理层的厚度应满足表2-1的要求。

铝合金型材表面处理层的厚度表 **表2-1**

表面处理方法		膜厚级别（涂层种类）	厚度 t（μm）	
			平均膜厚	局部膜厚
阳极氧化		不低于AA15级	≥15	≥12
电泳涂漆	阳极氧化膜	B	≥10	≥8
	漆膜	B	—	≥7
	复合膜	B	—	≥16
粉末喷涂		—	—	40≤t≤120
氟碳喷涂		—	≥40	≥34

（2）幕墙的立柱截面主要受力部位的厚度应符合下列要求：

①铝型材截面开口部位的厚度不应小于3mm，闭口部位的厚度不应小于2.5mm；型材孔壁与螺钉之间直接采用螺纹受力连接时，其局部厚度尚不应小于螺钉的公称直径；

②钢型材截面主要受力部位的厚度不应小于3mm；

③在风荷载标准值作用下，立柱的挠度限值 $d_{f,lim}$ 宜按下列规定采用：

铝合金型材：$d_{f,lim}=L/180$

钢型材：$d_{f,lim}=L/250$

式中 L——支点间距离（mm）。悬臂构件可取挑出长度的2倍。

（3）幕墙的横梁截面主要受力部位的厚度应符合下列要求：

①当横梁跨度不大于1.2m时，铝合金型材截面主要受力部位的厚度不应小于2mm；当横梁跨度大于1.2m时，起截面主要受力部位的厚度不应小于2.5mm。型材孔壁与螺钉之间直接采用螺纹受力连接时，其局部厚度尚不应小于螺钉的公称直径；

②钢型材截面主要受力部位的厚度不应小于2.5mm。

（4）紧固件：

①各种紧固件主要有：膨胀螺栓、六角头螺栓、抽芯铆钉、自攻钉、射钉。

②连接件：

a. 幕墙与主体结构间连接件多采用角钢、槽钢、钢板加工而成。之所以用这些金属材料，主要是易于焊接，加工方便，较之其他金属材料强度高，价格便宜等，因而在幕墙骨架中应用较多。至于连接件的形状，可因不同部位、不同幕墙结构而有所不同，钢材表面必须进行热浸锌处理。

b. 幕墙横料与立柱之间的连接采用角码，连接角码应能承受剪力，其厚度不应小于3mm，材质可根据工程实际情况而定。

c. 标准和非标准的五金配件：与幕墙配套用的铝合金门窗的地弹簧、不锈钢滑撑、门锁、窗锁、执手等等。

二、板面材料

1. 玻璃

玻璃是玻璃幕墙主要材料之一，它直接关系到幕墙的各项性能，同时也是幕墙艺术风格的主要体现。幕墙可根据功能要求选用浮法玻璃、安全玻璃（包括钢化玻璃、夹层玻璃、防火玻璃）、中空玻璃、镀膜玻璃等。

幕墙玻璃的外观质量和性能应符合下列现行标准的规定：

平板玻璃　　GB11614

钢化玻璃　　GB15763.2

防火玻璃　　GB15763.1

半钢化玻璃　　　　GB17841
阳光控制镀膜玻璃　　GB/18915.1
低辐射镀膜玻璃　　GB/18915.2
中空玻璃　　　　GB/T11944
夹丝玻璃　　　　JC433

玻璃的强度设计值应按表2-2的规定采用。

玻璃的强度设计值　*fg*（N/mm²）　　**表2-2**

种　类	厚度（mm）	大　面	侧　面
普通玻璃	5	28	19.5
浮法玻璃	5～12	28	19.5
	15～19	24	17
	≥20	20	14
钢化玻璃	5～12	84	58.8
	15～19	72	50.4
	≥20	59	41.3

注　1. 夹层玻璃和中空玻璃的强度设计值可按所采用的玻璃类型确定。
2. 当钢化玻璃的强度标准值达不到浮法玻璃的三倍时，表中数值应根据实测结果予以调整。
3. 半钢化玻璃强度设计值可取浮法玻璃强度设计值的2倍。当半钢化玻璃标准值达不到浮法玻璃强度标准值2倍，其设计值应根据实测结果予以调整。
4. 侧面指玻璃切割后的断面，其宽度为玻璃厚度。

（1）浮法玻璃

浮法玻璃是根据玻璃的生产工艺命名的，是将1600℃以上熔化的玻璃原料注入熔化的金属锡浮槽内，靠自重和表面张力的作用而形成，因此制造出来的玻璃平滑无纹，有光泽，表面精度高，透视相及反射相均十分高，具有机械磨光玻璃的光学性能，是一种常用的高级玻璃。

（2）安全玻璃

安全玻璃应该包含三部分要求：玻璃具有足够的强度，使其承受设计荷载不破坏；玻璃万一破裂要具有防碰碎散落性，使其处于破碎状态时保证不会坠落飞散；足够断裂韧度 K。

①钢化玻璃

钢化玻璃是将平板玻璃热处理而成，方法是将普通平板玻璃或浮法玻璃原片在特制的加温炉中均匀加温 600℃，使之轻度软化，结构膨胀，然后用冷气流迅速冷却，这导致玻璃外层先于内部收缩和凝固，玻璃内部最终冷却并凝固后对玻璃外层产生拉力作用，使之始终处于压力之下，它还会使玻璃内部产生张力，裂缝最容易在有压力的物体中扩张，所以要防止玻璃破碎就必须消除玻璃表面的压力，使之不易破碎。

经过热处理的钢化玻璃提高了玻璃的机械性能，它对均匀载荷、热应力和多数冲击荷载的效应大约是一般普通玻璃的 4～5 倍，挠度比普通玻璃大 3～4 倍，而且破碎时玻璃成小颗粒，对安全影响较小。但这种玻璃不易切割，各种加工要在淬火前进行，故需按实际使用规格订货。

钢化玻璃的自爆：从钢化玻璃诞生开始，就伴随着自爆问题，即：钢化玻璃在无外力直接作用的情况下而自动发生破裂的现象。

钢化玻璃自爆的原因是：a. 生产玻璃的原料中有硫化镍（NiS）及异质相颗粒；b. 玻璃中的裂纹萌发和扩展主要是由于在颗粒附近处产生的残余应力所导致。这类应力可分为两类，一类是相变膨胀过程中相变应力，另一类是由热膨胀系数不匹配产生的残余应力。

虽然钢化玻璃破碎后成蜂窝状的钝角小颗粒，但它是会坠落飞散的，此时就会对人和物造成伤害，就没有了安全性可言。所以在人流密集的公共建筑中，尽量不采用单片钢化玻璃，在必须采用单片钢化玻璃时，一定要采取必要的安全措施，即将单片钢化玻璃进行二次热处理或贴防爆膜。

②夹层玻璃

夹层玻璃是在两层或多层玻璃之间夹上一层或多层坚韧的聚乙烯醇缩丁醛（PVB）中间膜，经高温高压粘结而制成。用透明 PVB 膜制成夹层玻璃，外观及安装使用方法与普通玻璃基本一样，而且经久耐用。

PVB膜的韧性非常好，在夹层玻璃受到外力猛烈撞击时，这层膜会吸收大量的冲击能，并使之迅速衰减。故夹层玻璃很难被击穿，而能够保持极好的完整性。这使采用了夹层玻璃的建筑物在受到诸如风暴、地震、爆炸以及其他暴力袭击时，仍能完整地保持在门窗框架内，风雨及其他外来物难以对室内造成破坏。即使破裂后仅在表面出现裂纹，玻璃破碎了也无散落、下坠伤人之虞。所以建筑物内外的人员也不致遭到飞溅的玻璃碎片的伤害。

虽然普通夹层玻璃并不增加玻璃的强度，但因其具有的特点，使之成为公认的真正意义上的安全玻璃，并被广泛使用。

(3) 防火玻璃

防火玻璃应采用单片铯钾玻璃，它可以有1.0～2.5h的耐火性能。它主要用于：

①有透光要求的层间的水平防火墙（高800mm）和楼层中防火墙左右两侧的透明竖向防火墙（左右各宽1.0m）；

②有美观透明要求的层间防烟封堵；

③楼层中划分两个防火分区的透明防火墙；

④连层的室内天井周边的防火封包。

要注意的是，由于铝型材熔点低，耐火性能差，不能作为防火玻璃的结构支承结构，防火玻璃通常由钢结构支承，必要时钢结构还附加防火被覆。

(4) 半钢化玻璃

半钢化玻璃生产采用与钢化玻璃类似的工艺方法，只是冷却速度较慢，因此其表面应力略小于钢化玻璃，半钢化玻璃表面应力69N/mm^{2}小于钢化玻璃的90N/mm^2。半钢化玻璃在机械强度、抗风压性能、抗冲击性能和抗热震性方面明显优于普通退火玻璃。又因半钢化玻璃的平整度、透光率更接近于普通退火玻璃而远远优于钢化玻璃，所以较适合使用于玻璃幕墙中。

半钢化玻璃的特性：强度为普通玻璃的2倍，可以有较低地抗热应力作用。避免玻璃的热炸裂，即使在外力作用下破裂，半钢化玻璃裂纹全部是延伸到边，其碎片可以保留在框架内而不会坠落，不易发生钢化玻璃的自爆现象。

半钢化玻璃不属于目前定义的安全玻璃。但因半钢化玻璃表面应力低、所以不存在自爆的危险。不受外界影响时，它绝不会自行爆炸，从这个意义来说，它比钢化玻璃要安全。所以在结构计算强度能满足的情况下，推荐采用半钢化玻璃。

（5）热反射镀膜玻璃（阳光控制膜玻璃）

热反射镀膜玻璃，又称阳光控制膜玻璃，是在优质浮法玻璃表面用真空磁控溅射的方法均匀地镀上一层或多层金属或金属氧化物膜层。薄膜的主要功能是按比例控制太阳直接辐射的反射、透过和吸收，并产生需要的颜色，如：灰色、青铜色、茶色、金色、浅蓝色、棕色、古铜色等。热反射镀膜玻璃具有以下特点：

①有效限制太阳直接辐射的入射的辐射量、遮阳效果明显；

②丰富多彩的反射色调和极佳的装饰效果；

③对室内物体和建筑物构件有良好视线遮蔽功能，使室内光线柔和；

④较理想的可见光透过比和反射比；

⑤减弱紫外光的透过；

⑥它的反射膜具有映像功能，可以使建筑物周围的景致色调不变而又清晰地把它映射出来，但透光性能比透明玻璃要差，所以在使用时不得不用人工照明进行补偿；

⑦热反射玻璃的关键在于“反射”，为了保持反射功能，施工中要注意防止划伤，使用中要注意保养。

（6）低辐射镀膜玻璃（低辐射 LOW－E 玻璃）

当前追求大面积采光的玻璃已成为时尚潮流，这又与建筑设计的节能性取向矛盾。若采用透明玻璃则夏季过多的阳光热能进入室内，冬季又无法阻挡室内的热能外流，维持室内适宜温度的代价只能大量消耗空调或暖气的能量。

自然环境中的最大热能是太阳辐射能，其中可见光的能量仅占约 1/3，其余的 2/3 主要是热辐射能。

另一种热能是远红外热辐射能，其能量分布在 4～50μm 波长之间。在室外，这部分热能是太阳照射到物体上被物体吸收后再辐射出来的，夏季成为来自室外的主要热源之一。在室内，这部分热能是由暖气、家用电器、阳光照射后的家具及人体所产生，冬季成为来自室内的主要来源。

太阳辐射投射到玻璃上，一部分热量被玻璃吸收或反射，另一部分透过玻璃成为透过的能量。被玻璃吸收的太阳能使其温度升高，并通过与空气对流及向外辐射而传递热能，因此最终仍有相当部分透过了物体，这可归结为传导、辐射、对流形式的传递。

对暖气发出的远红外热辐射，玻璃不能直接透过，只能反射或吸收它，最终仅以传导、辐射、对流的形式透过玻璃，因此远红外热辐射透过玻璃的传热是通过传导、辐射、对流形式的传递。

玻璃吸收能力的强弱，直接关系到玻璃对远红外热能的阻挡效果。辐射率低的玻璃不易吸收外来的热辐射能量，从而玻璃通过传导、辐射、对流所传递的热能减少，低辐射玻璃正是限制了这一部分的传热。

通过每平方米玻璃传递的总热功率 Q 可用下式表示：

$$Q=630\times Sc+U\times(T_{内}-T_{外})$$

式中 630 ——是透过 3mm 透明玻璃的太阳能强度；

$(T_{内}-T_{外})$ ——玻璃两侧的空气温度；

U ——玻璃的传热系数，它反映玻璃传导热量的能力；

Sc ——玻璃的遮阳系数，数值范围 0～1，它反映玻璃对太阳直接辐射的遮蔽效果。

由上式可见：玻璃节能性的优劣由 Sc 和 U 这两个参数完全可以判定。

几种常用玻璃的主要光热参数见表 2-3。

几种常用玻璃的主要光热参数 **表 2-3**

玻璃名称	玻璃种类结构	透光率（%）	遮阳系数 S_C	传热系数［W/(m² · K)］
单片透明玻璃	6C	89	0.99	5.58
单片绿着色玻璃	6F—绿色	73	0.65	5.57
单片灰色玻璃	6 灰色	43	0.69	5.58
彩釉玻璃（100%覆盖）	6mm 白色		0.32	5.76
单片热反射镀膜玻璃	6CTS140	40	0.55	5.06
透明中空玻璃	6C+12A+6C	81	0.87	2.75
热反射镀膜中空玻璃	6CTS140+12A+6C	37	0.44	2.58
高透型 LOW-E 中空玻璃	6CESI1+12A+6C	73	0.61	1.79
遮阳型 LOW-E 中空玻璃	6CEBI2+12A+6C	39	0.31	1.66

低辐射镀膜玻璃是一种对波长范围 4.5～25μm 的远红外线有较高反射比的镀膜玻璃。

低辐射镀膜（LOW-E）玻璃的节能性体现在其对阳光热辐射的遮蔽性——即隔热性、对暖气外泄的阻挡性——即保温性两个方面。

低辐射镀膜（LOW-E）玻璃不仅具有极为优良的节能性，还具有多种颜色的装饰效果，从而解决了大面积采光玻璃的节能问题，成为完善建筑设计方案的首选产品。

①低辐射镀膜（LOW-E）玻璃的特点：

a. 较高的可见光透过性——外观效果通透性好，室内自然采光效果好；

b. 较高太阳能辐射透过率——对太阳热辐射具有 60%以上透过率，玻璃的遮阳系数 $S_C \geqslant 0.5$；

c. 极高的远红外线反射率—较低的传热系数 U 值，保温性能优良。

玻璃的绝热性能一般是用 U 值来表示的，而 U 值与玻璃的辐射率有直接的关系。

②低辐射镀膜（LOW－E）玻璃的生产工艺：

a. 在线高温热解沉积法

LOW－E玻璃是在浮法玻璃冷却工艺过程中完成，液体金属粉末直接喷射到热玻璃表面上，随着玻璃的冷却，金属膜层成为玻璃的一部分。此法生产的LOW－E膜层坚硬耐用，它可以热弯、钢化，不必在中空状态下使用，且可长期保存。但因该玻璃膜层薄所以热学性能较差，其U值只是溅射法LOW－E玻璃的一半。

b. 离线真空溅射法生产的LOW－E玻璃

用溅射法生产的LOW－E玻璃，是在浮法玻璃离开生产线以后进行的。溅射法需一层纯银薄膜作为功能膜，纯银膜在两层金属氧化膜之间，金属氧化膜对纯银膜提供保护，且作为膜层之间的中间层，增加颜色的纯度及光透射水平。

溅射法生产的LOW－E玻璃的特点：

(a) 由于有多种金属靶材选择，及多种金属靶材组合，因此溅射法生产的LOW－E玻璃可有多种配置，在颜色和纯度方面溅射镀膜也优于热喷涂的。

(b) 溅射生产的LOW－E中空玻璃其U值优于热解法产品的U值。

(c) 由于它的氧化膜层非常脆弱，所以它不可能像普通玻璃一样使用，必须做成中空玻璃，且在做成中空玻璃前，也不能长途运输。

综上所述可知用两种不同方法生产的LOW－E玻璃各有特点，可根据用途选择。

(7) 吸热玻璃

吸热玻璃是由透明玻璃中加入金属氧化物后形成，由于加入金属氧化物色彩不同，吸热玻璃的颜色也不同。常用的色彩有：古铜色（茶色）、蓝灰色、蓝绿色、宝石蓝色、绿色，当然各种颜色还有深浅之分。吸热玻璃的特点在于具有色彩，并具有一定的吸热功能。不同的色彩为装饰提供了选择的余地。吸热玻璃之所以吸热，是因为它们能够以不同的色素来“过滤”太阳光中的某些色谱，使采光所需要的可见光透过，而又限制携带热量的红外线通过，因此可以用来降低进入房间的日照热量，起到了一定程度的“吸热”作用，并可以减少紫外线辐射。

a. 吸热玻璃的厚度偏差、尺寸偏差（包括偏斜）、弯曲度、边角缺陷、外观质量等，应符合现行标准 JC/T536 的有关规定。

b. 吸热玻璃的光学性能可用阳光透射率表示，应符合表 2-4 的规定。

吸热玻璃的光学性能 **表 2-4**

吸热玻璃的颜色	可见光透射率（%）	太阳光直接透射率（%）
茶色	≥45	≤60
灰色	≥30	≤60
蓝色	≥50	≤70
绿色	≥46	≤65

注：表中的数值均是将可见光透射率和太阳光直接透射率换成 5mm 标准厚度的数值。

c. 吸热玻璃的颜色均匀性，执行国际光照委员会 1976 年通过 l、a、b 色差系统（即：CIE1976 年），其单位以 NBS 表示，同一批吸热玻璃色差应在 3NBS 以下。

（8）中空玻璃

顾名思义，是中间具有空气层的双层或三层玻璃。它可以根据使用要求，选用不同品种、不同厚度的玻璃原片进行组合，然后用高强、高气密性复合剂将两片或多片玻璃与铝合金框粘结，框内充满干燥剂，从而可以保证玻璃片间的空气有较高的干燥度。

制造中空玻璃，可以利用透明浮法玻璃、吸热玻璃、热反射镀膜玻璃、低辐射镀膜（LOW-E）玻璃、钢化玻璃、半钢化玻璃、夹层玻璃等。组合时，既可以是两片相同性能的玻璃，也可以采用不同性能的品种组合。例如：外侧采用热反射镀膜玻璃，内侧采用透明浮法玻璃，既保证使用功能，又能降低造价。

中空玻璃由于特殊的结构和选材，使它不仅具有优良的采光性能，同时也具有隔热、隔声、防霜露等特点。特别是在节能方面，不论在寒冷的北方，还是在炎热的南方，其节省能源的作用都是比较显著的，因此近年来已为建筑界所青睐。

幕墙使用的中空玻璃除应符合 GB11944 的有关规定外，还应符合下列要求：

a. 幕墙中空玻璃必须采用双道密封。一道密封应采用丁基热熔密封胶；明框幕墙的中空玻璃的第二道密封胶宜采用聚硫类中空玻璃密封胶，也可采用硅酮密封胶。隐框、半隐框及点支玻璃幕墙用中空玻璃的二道密封胶必须采用结构硅酮类密封胶。中空玻璃的二道密封胶应采用专用打胶机进行混合、打胶，厚度为 5～7mm（图 2－1 和图 2－2）。

b. 幕墙使用玻璃，裁割后玻璃的边缘应及时进行修理和防腐处理。

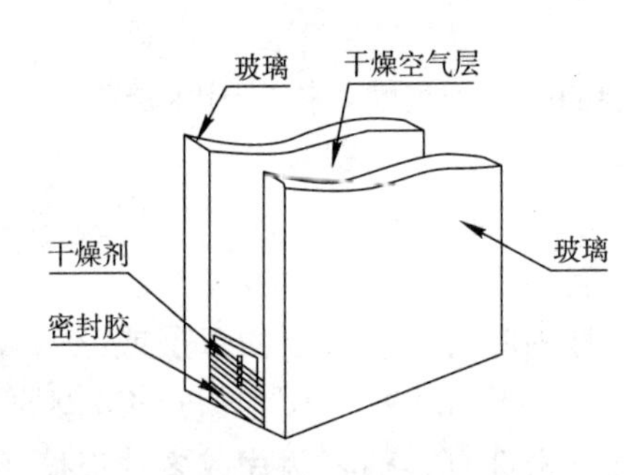

图 2－1　双层中空玻璃剖面图

c. 制作中空玻璃的单片玻璃必须进行机械磨边和倒棱处理，磨边宜细磨，倒棱宽度不宜小于 1mm，不允许尖边存在。

d. 中空玻璃的间隔铝框可采用连续折弯型或插角型，不得使用热熔型间隔胶条。使用间隔铝框时须去污或进行阳极化处理。

e. 干燥剂的质量、性能必须满足中空玻璃制造及性能要求，间隔铝框中的干燥剂宜采用专用设备装填。

f. 用于幕墙的中空玻璃气体层厚度应为 9mm 或 12mm（图 2-2）。

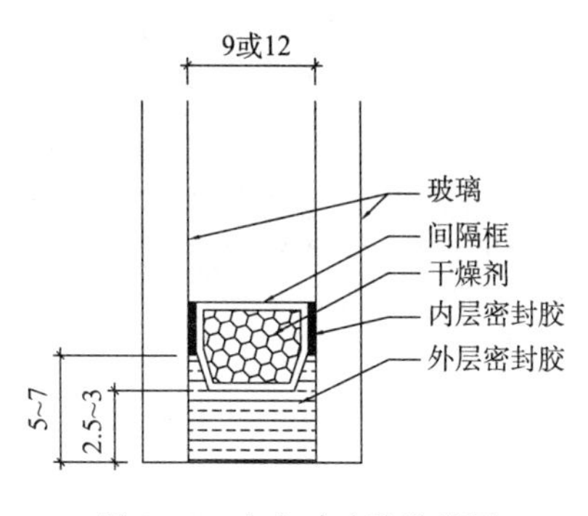

图 2-2　中空玻璃注胶简图

2. 铝板

用于铝板幕墙的墙面材料主要是各种不同形式的铝板。

（1）蜂窝（巢）铝板

由两块厚度一般为 0.8～1.8mm 厚的铝板，中间夹着用铝箔制成的蜂窝状夹层，在特定的工艺下用胶将铝板与蜂巢铝箔粘结，并经加温加压压制而成。应当特别指出的是，有些蜂窝铝板其中间夹层的蜂巢是采用其他材料（如经特殊处理的硬件牛皮纸等）制成的，这种铝板与要求耐候、耐用的建筑外墙不相适应，只有用铝箔制成蜂巢的蜂巢铝板才适合用于建筑外墙的铝板幕墙。蜂巢铝板应用在幕墙上，其特点是铝板的每个单元在较大尺寸范围内都能够保持平整，平面的刚性较好，使整面幕墙安装后保持较好的墙面平整性。

蜂巢铝板虽然有上述优点，但由于它加工、组装成形较困难，成本也较高，特别是在建筑物转角较多、形状复杂的情况下，蜂巢铝板的加工就显得不那么适应和方便。

（2）单层铝板

表面经氟碳漆喷涂处理的幕墙用单层铝板，厚度为 3mm 左右，在工厂按建筑幕墙设计的单元尺寸加工而成。为了确保在幕墙受风荷载情况下，为保证铝板幕墙的平面刚性及平整度，特别是单元铝板尺寸较大时，采用电栓焊方法在单层铝板背面加固加强筋，既在不破坏铝板装饰表面的情况下，又保证了单层铝板的安全性。

①单层铝板的牌号、供应状态、涂层种类应符合表 2-5 规定。

单层铝板的牌号、供应状态、涂层种类 **表 2-5**

牌　　号	供应状态	涂　层	种　类
1060、1050、1100、8A06	H44	二涂 底漆加面漆	三涂 底漆、面漆加清漆
3003、5005	O、H44		
3004、5052	O		

注：H24 状态的铝单板用基材，表面经氟碳漆喷涂处理后状态为 H44。

②氟碳漆喷表面处理

a. 漆喷前的预处理

基材在漆喷前，其表面应进行预处理，以提高涂层与基层的附着力。化学转化膜应有一定的厚度，当采用铬处理时，铬化转换膜的厚度应控制在 200～1300mg/m^2 范围内（用重量法测定）。

b. 外观质量

铝单板装饰面上的漆膜应平滑、均匀、色泽基本一致，不得有流痕、皱纹、气泡及其他影响使用的缺陷。

c. 涂层

(a) 色差：涂层颜色应与供需双方商定的标准色板基本一致。

(b) 光泽：涂层的 60°光泽值应与合同规定光泽值基本一致，其允许的偏差不大于 5 个光泽单位。

(c) 厚度：装饰面涂层的干膜厚度应符合表 2-6 的规定。

涂层干膜厚度 **表 2-6**

涂层种类	平均厚度（μm）	最小局部厚度（μm）
二涂	≥30	≥25
三涂	≥40	≥35

3. 铝塑复合板

铝塑复合板是在1992年才开始进入我国的一种新型外墙装饰材料，由于它易于加工颜色均匀、重量轻、平整度好、价格低廉等优点倍受幕墙承建商推崇。铝塑复合板是由两层铝板中间夹有聚乙烯材料，经特定的设备和工艺复合而成的。目前在国内市场上出现的复合铝板除国产的外还有来自日本、美国、德国、韩国等多种品牌。

（1）分类

①铝塑复合板按产品用途可分为外墙铝塑板和内墙铝塑板两种。

②按表面涂层材质可分为氟碳树脂型、聚酯树脂型和丙烯酸树脂型等铝塑复合板。

（2）技术要求

①厚度要求：外墙铝塑板厚度不小于4mm，内墙铝塑板厚度不小于3mm。

②原材料要求：铝塑板所用的铝材应符合GB/T 3880要求的防锈铝（内墙板也可使用纯铝），外墙板所用铝板每层厚度不小于0.5mm，内墙板所用铝板每层厚度不小于0.2mm。外墙板涂层应采用70%的氟碳树脂。

③铝基板预处理要求：所用铝基板应经过多级清洗和预处理，以去除铝基板表面的油污、脏污和自然形成的松散氧化层，并形成一层紧密的化学转化膜，以利于涂层的牢固粘结。

4. 石材

目前石材幕墙用天然石板材主要有天然大理石建筑板材、天然花岗石建筑板材等。

饰面石材的质量性能包括：抗压强度、抗折强度、抗剪强度、硬度、耐久性、耐磨性、抗冻性、装饰性和可加工性等。其中以装饰性（即颜色与花纹）为首要评价内容。

大理石与花岗同为岩石的“家族”统称，但因其组织成分各异，因而在材料性质上有明显的区别，大理石和花岗岩的组成分见表2－7。

大理石和花岗岩的组成分 **表2－7**

比较项目＼石材名称	大理石	花岗石
产生	由石灰岩与白云岩在高温高压下，矿物重新结晶变质而成，属中性石材	由岩浆在地下深处或喷出地表冷却后而成的岩浆岩，属硬性石材
组成	其结晶由白云石与方解石组成	石英、长石和云母的晶粒是其主要组成部分

（1）化学结构的差别

大理石成分以碳酸钙为主，约占58％以上，另外含有碳酸镁、氧化钙、氧化镁等。因而当空气潮湿并含有二氧化硫气体时，大理石表面会发生化学反应而生成石膏，呈现风化现象。

花岗岩以氧化硅为主，含有氧化铝、氧化镁、氧化铁等成分。因其形成温度高、各种矿物晶体镶嵌紧密、质地坚硬、耐酸、碱、盐的腐蚀，化学稳定性好，但因其中含有石英，在高温下会膨胀破碎，此外氧化铁含量高时，石材表面易出现锈蚀。

（2）大理石和花岗石的物理力学性能（表2－8）

大理石、花岗岩的物理力学性能 **表2－8**

石材名称＼物理学性能指标	密　度（g/cm^3）	抗压强度（MPa）	抗弯强度（MPa）	抗剪强度（MPa）
大理石	2.5～2.6	68.67～107.97	5.88～15.7	6.87～11.77
花岗石	2.5～2.7	117.72～245.25	8.37～14.72	12.75～18.64

（3）花色的区别

大理石所含成分决定了其表现出来的自然色泽。依其基本颜色由浅到深可划分为白、黄、绿、灰、赭、红、黑七大类。

花岗石的颜色由正长石和少量云母深色矿物的分布情况而定，其颜色有黑白、青麻、黄麻、灰色、粉红色、深红色等。

（4）加工结果的差别

大理石和花岗石在加工时，首先要对其荒料进行锯切，然后进行研磨、抛光和切割等工艺，即可制成饰面板材。经抛光的大理石其抛光度可达 80 光泽度单位左右，花岗石则可达 10080 光泽度单位以上。

（5）用途的差异

上述情况说明，大理石和花岗石的化学结构、物理力学性能、外观效果有着很大的差别，这些基本条件决定了两者用途的差异。

大理石和花岗石都是高级装饰材料。大理石主要应用于建筑物室内饰面，其色彩花纹丰富多彩，绚丽美观；花岗石则适用建造纪念性建筑物各种高级公共建筑及民用建筑的室内外饰面装饰，其饰面往往给人一种庄重大方高贵豪华之感。在装修造价及施工操作上，花岗石都高于大理石。

三、建筑密封材料

建筑密封材料用于幕墙板面装配及板块与板块之间的缝隙处理，一般常用以下材料组成：密封材料、衬垫材料、粘结隔离物。

1. 密封材料

密封材料在玻璃装配中，不仅仅起到密封作用，同时也起到缓冲、粘结作用，使脆性玻璃与硬性金属之间得以过渡。

（1）橡胶密封条

明框幕墙的密封主要采用橡胶密封条。依靠胶条自身的弹性在槽内起密封作用。

①胶条材质要求具有耐紫外线、耐老化、永久变形小、耐污染等特性；

②玻璃幕墙采用的橡胶制品宜采用三元乙丙橡胶、氯丁橡胶及硅橡胶；

③密封胶条应挤出成形橡胶块，宜压膜成形；

④密封胶条应符合国家现行标准《建筑橡胶密封垫预制成实心硫化的结构密封垫用材料规范》（HB/T 3099）及《工业用橡胶板》（GB/T 5574）的规定。

（2）玻璃幕墙用中空玻璃采用的密封胶

①幕墙用中空玻璃的第一道密封用热熔性聚异丁基密封胶，它不透气、不透水，但没有强度，热溶性丁基密封胶性能详见表2-9

MF-DJ910白色（透明）热溶性丁基密封胶性能参数　　表2-9

检测项目		JC/T 914-2003 标准要求	MF—DJ910 （白色）	MF—DJ910 （透明）
针入度 （1/10mm）	25℃	30～50	43	46
	130℃	230～330	253	254
剪切强度（MPa）		≥0.10	0.12	0.10
挤出（mL/30s）		—	9.28	9.24
低温柔性-45℃		—	合格	合格
水蒸气透过量 [g/(cm^2·d)]		≤1.1	0.56	0.45
热失重（%）		≤0.5	0.01	0.009
紫外线辐照发雾性		无结雾或污染、玻璃无明显错位、胶条无明显蠕变	合格	合格

②幕墙用中空玻璃第二道密封胶：

a. 聚硫密封胶：由于聚硫密封胶在紫外线照射下容易老化，只能用作明框幕墙用中空玻璃的第二道密封胶。聚硫密封胶的性能见表2-10。

聚硫密封胶的性能　　表 2-10

项目			技术指标
密度（g/cm³）	A组分		1.62±0.05
	B组分		1.50±0.05
黏度（Pa·S）	A组分		350～500
	B组分		180～300
适用期（min）		不大于	60～90
表干时间（h）		不大于	1～1.5
邵氏硬度		不小于	45～50
下垂度（mm）（20mm 槽）		不大于	2
粘结拉伸强度（N/mm²）		不小于	0.8～1
粘结拉伸断裂伸长率（%）		不小于	70～80
热空气—水循环后定伸粘结性能（定伸 110%）			不破坏
紫外线辐射—水浸后定伸粘结性能（定伸 110%）			不破坏
低温柔性（−40℃、φ10mm）			无裂纹、不断裂
水蒸气渗透性能［g/（m²·d）］		不大于	15

b. 隐框幕墙用中空玻璃的第二道密封胶必须采用硅酮结构密封胶。其性能详见表 2-11。

c. 传统的中空玻璃用密封胶多为黑色，但对于全玻璃幕墙使用的中空玻璃，为了使它的通透性能更完善的展现，可对中空玻璃的两道密封胶的颜色提出新的要求，如白色和透明。

中空玻璃密封胶物理性能　　表 2-11

序号		项目	技术指标		
			PS 类	SR 类	
			20HM 级	20HM 级	25HM 级
1	密度（g/cm³）	A组分	规定值±0.1		
		B组分	规定值±0.1		
2	黏度（Pa·S）	A组分	规定值 10%		
		B组分	规定值 10%		
3	适用期（min）		不小于 30		
4	表干时间（h）		不小于 2		

续表

序号	项目	技术指标		
		PS类	SR类	
		20HM级	20HM级	25HM级
5	下垂度（mm）（20mm槽）	不小于2		
6	弹性恢复率（%）	拉伸160%[①]≥60%	拉伸200%[①]≥60%	
7	变动温度下粘结性/内聚性	拉伸—压缩±20%不破坏	拉伸—压缩±25%不破坏	
8	拉伸160%[①]时弹性模量（Ma） (23±2)℃ (—20±2)℃	 ≥0.4 ≥0.6	 ≥0.6 ≥0.6	
9	热空气—水循环后定伸[①]粘结性能	定伸160%不破坏	定伸160%不破坏	
10	紫外线辐射—水浸后持久拉伸[①]粘结性能	持久拉伸160%不破坏	定伸160%不破坏	
11	水蒸气渗透率（g/cm^2）	≤15	—	

①原始尺寸为100%。

（3）硅酮建筑密封胶

硅酮密封胶常用模数的大小表示对活动缝隙的适应能力，模数的大小用高、中、低米表示，在一般产品中均有注明。

通常选用中模数的硅酮密封胶，它在适当的接口上，可具有原接口尺寸±50%的变位能力。

硅酮系列的密封胶是目前密封、粘结材料中的高档材料。其性能优良，耐久性好，一般可耐－60～200℃的温度，抗断强度可达1.6N/mm^2。

①硅酮耐候密封胶

硅酮耐候密封胶是一种单一成分，中性凝固，在任何情况下都能轻易挤出，并能在室温下借助空气中水分所产生的反应凝固成既耐用又有弹性的酮密封剂，以适应因温度、气候、地震变化对幕墙的影响。

硅酮耐候密封胶性能应符合表2－12的规定，并严禁使用过期的硅酮耐候密封胶。对于不同石材的幕墙应选用不同型号的硅酮耐候密封胶。

硅酮耐候密封胶的性能　　表 2-12

项　目	技术指标
表干时间（h）	1.5～10
流淌性（mm）	无
凝固时间（25℃）（d）	3
全面附着（d）	7～14
邵氏硬度	26
极限拉伸强度（N/mm^2）	0.11～0.14
污染	无
撕力（N/mm）	3.8
凝固 14d 后的变位能力（%）	±25
有效期（月）	9～12

②硅酮结构密封胶：适用于结构性装配

a. 硅酮结构密封胶是性能优良的建筑用密封胶，有单组分和双组分之分。单组分硅酮结构密封胶。可在任何情况下用普通挤压器把胶管内密封胶挤出使用，并迅速与空气中水分产生反应，凝固成既耐用又有弹性的硅酮密封剂，不必混合催化剂与其他原料；双组分硅酮结构密封胶是由主剂及固化剂组成，需将主剂与固化剂用无氧混合系统（既双组分硅胶混合机）按比例混合后方可使用，用于在工厂装配的玻璃与金属材料间的粘结，固化后形成耐久、具有弹性及防水密封层。

硅酮结构密封胶其性能应符合表 2-13 的规定。

硅酮结构密封胶的性能　　表 2-13

项　目	技术指标	
	中性双组分	中性单组分
有效期（月）	>6	9～12
施工温度（℃）	10～30	-20～70
使用温度（℃）	-48～88	

续表

项　　目	技术指标	
	中性双组分	中性单组分
操作时间（min）	30	
表干时间（h）	≤3	
初步固化时间（d）		7
完全固化时间（d）	7	14～21
邵氏硬度	35～45	
粘结拉伸强度（H）（/N/mm）	840	
粘结伸长率（%）	≥200	
粘结破坏率（%）	不允许	
内聚力粘结破坏率（%）	100	
剥离强度（与玻璃、铝）（N/mm）	5.6～8.7	
撕裂强度（B模）（N/mm）	0.47	
抗臭氧及紫外线性	优良	
污染和变色	无污染，无变色	
耐热性（℃）	150	
热失重（%）	≤10	
流淌性（mm）	≤2.4	
冷变形（形变）	不明显	
外观	无龟裂、无变色	

b. 硅酮结构密封胶有深、浅、透明和彩色等多种颜色，可根据不同环境和功能要求选用。

c. 硅酮结构密封胶应有经国家认可的质量检测单位检测合格方可使用。

d. 硅酮结构密封胶必须有性能和与接触材料相溶性试验和附着力试验合格报告，并应有物理耐用年限和保险年限的质量证书。

2. 衬垫材料

合适的接缝设计需正确选择并使用衬垫材料。

（1）衬垫材料作用

从图 2－3 可知正确使用衬垫材料必须注意以下几点：

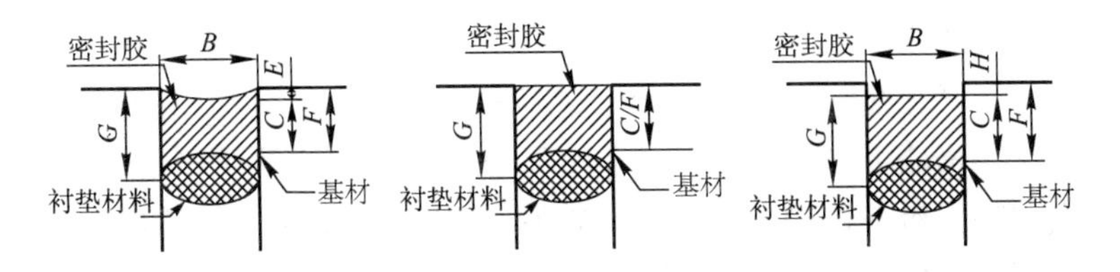

图 2-3　典型的垂直接缝形状

B—密封胶宽度；C—密封胶深度；G—密封胶接触深度；
E—修整深度；F—接缝填充深度；H—密封胶凹进深度

①控制接缝中密封胶的嵌入深度和形状；

②使密封胶完全润湿基材表面；

③当条件不适于立即施胶或万一密封胶失效时，可作为接缝临时密封；

④浸油材料沥青未硫化的聚合物及类似的材料不能用作衬垫材料。

从图 2-4 知，建筑密封必须正确使用衬垫材料，方可使胶缝光滑、平整，确保无渗漏。

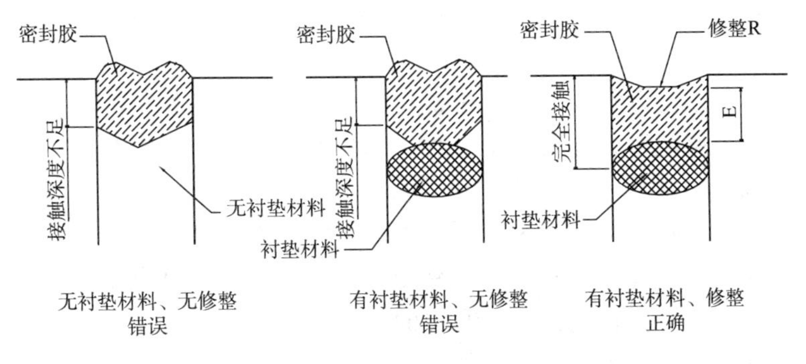

图 2-4　使用衬垫材料修整的目的

（2）衬垫材料的选用

①衬垫材料的材质：应选用在胶缝内不产生永久变形、不吸水、不吸气、不会因受热而隆起使密封胶鼓包的材质。玻璃幕墙宜采用聚乙烯泡沫棒作衬垫材料，其密度不应大于 $37kg/m^2$。

②选用闭孔衬垫材料的原始尺寸应大于接缝宽度 25%～30%；开孔衬垫材料的原始尺寸应大于接缝宽度 40%～50%；

③幕墙可采用圆形、半圆形、椭圆形和三角形等聚乙烯发泡材料作衬垫材料，其密度应控制在 0.037kg/m³。聚乙烯发泡填充材料应有优良的稳定性、弹性、透气性、防水性、耐酸碱性和耐老化性。其性能应符合表 2-14。

聚乙烯发泡填充材料的性能 **表 2-14**

项　　目	技术指标		
	10mm	30mm	50mm
拉伸强度（N/mm²）	0.35	0.43	0.52
延伸率（%）	46.5	52.3	64.3
压缩后变形率（纵向%）	4.0	4.1	2.5
压缩后恢复（纵向%）	3.2	3.6	3.5
永久压缩变形率半径（%）	3.0	3.4	3.4
25%压缩时，纵向变形率（%）	0.75	0.77	1.12
50%压缩时，纵向变形率（%）	1.35	1.44	1.65
75%压缩时，纵向变形率（%）	3.21	3.44	3.70

3. 粘结隔离物

粘结隔离物是用于防止密封胶接触到不希望粘结的表面或材料上破坏密封胶的性能。可以用作粘结隔离物的材料有：聚乙烯或聚四氟乙烯自粘带或厂家推荐的防粘材料。不建议采用液体粘结隔离物，因为使用时可能会污染被粘结面，粘结隔离物使用在接缝底部的坚硬不易变形衬垫材料上，以阻止密封胶粘结到这些材料上，形成有害的三边粘结。软的易变形的开孔衬垫材料不需要粘结隔离物，因为它不会明显地限制密封胶的自由移动。浸油材料、沥青、未硫化的聚合物及类似的材料不能用作粘结隔离物。

根据幕墙的风荷载、高度和玻璃的大小，可选用不同的低发泡间隔双面胶带。幕墙风荷载大小 1.8KN/m² 时，宜选用中等硬度的聚氨基甲酸乙酯低发泡间隔双面胶带，其性能应符合

表 2－15 的规定。幕墙风荷载小于 1.8KN/m^2 时，宜选用聚乙烯低发泡间隔双面胶带，其性能应符合表 2－16 所列指标。

聚氨基甲酸乙酯双面胶带的性能　　表 2－15

项　目	技术指标
密度（g/cm^3）	0.682
邵氏硬度	35
拉伸强度（N/mm^2）	0.91
延伸率（%）	125
承受压应力（N/mm^2）	压缩 10%时，0.11
动态拉伸粘结性（N/mm^2）	0.39，停留 15min
静态拉伸粘结性（N/mm^2）	7×10^{-3}，200h
动态剪切力（N/mm^2）	0.28，停留 15min
隔热值 [W/（m^2·k）]	0.55
抗紫外线（300W，25～30cm），300h	不变
烤漆耐污染性（70C，200h）	无污染

聚乙烯双面胶带的性能　　表 2－16

项　目	技术指标
密度（g/m^3）	0.205
邵氏硬度	40
拉伸强度（N/mm^2）	0.87
延伸率	125
承受压应力（N/mm^2）	压缩 10%时，0.18
玻璃强度（N/mm^2）	2.76×10^{-2}
隔热值 [W/（m^2·k）]	0.41
使用温度（℃）	－44～75
施工温度（℃）	15～52

4. 其他材料

（1）隔热保温材料。幕墙宜采用岩棉、矿棉、玻璃棉、防火板等不燃性和难燃性材料作隔热保温材料，应铺设平整且可靠固定，拼接处不应留缝隙，以保证其防火和防潮性。

（2）幕墙立柱与横梁之间的连接处，宜加设橡胶片，并应安装牢固，接缝严密，以保证其防水性，并可消除因层间位移而引起的摩擦噪声。为防止不同金属接触发生电化学反应腐蚀幕墙型材，应在接触面加设垫片作隔离处理。

复习题

1. 幕墙材料应符合哪些规定？
2. 幕墙材料由哪三部分组成？各部分都包括哪些材料？
3. 隐框幕墙使用硅酮结构密封胶应注意些什么？
4. 对幕墙铝合金型材有什么要求？
5. 对幕墙用钢材表面处理有什么要求？
6. 简述玻璃的类别及其特点。

第三章　单元式幕墙的基本特点

第一节　综述

单元式幕墙（the unite system）是在工厂加工程度最高的一种幕墙类型。在工厂不仅要加工竖框、横框等元件，还要用这些元件拼装成单元组件框，并将幕墙面板（玻璃、铝板、花岗石板等）安装在单元组件框的相应位置上，形成单元组件。就一个单元组件来说，它已具备了这个单元的全部幕墙功能和构造要求。单元组件的高度要等于或大于一个楼层，以便运往工地后直接固定在主体结构上。一个单元组件上、下横框（左、右竖框）对插形成组合框，完成单元组件间接缝，最终形成整幅幕墙。单元幕墙的主要工作量是在工厂完成的，这就使单元式幕墙可以进行工业化生产，大大提高劳动生产率和产品质量，因此决定了单元式幕墙具有以下特点：

1. 施工工期短

单元式幕墙最大特点是在工地施工工期短。工地施工工期短包含两个意义上的工期短：

（1）因为它大部分工作量是在工厂完成，运往工地后仅为吊装就位、固定的工作量，这部分的工作量占全部幕墙工作量的份额很小。

（2）幕墙吊装可以和土建同步进行，使工期缩短。例如上海金茂大厦（88 层），当主体结构完成 18 层时，开始吊装幕墙，1997 年 10 月主体结构封顶时，幕墙吊装完成 70 层，1998 年 4 月（主体结构封顶 6 个月后）完成全部 10.7 万 m^2 幕墙吊装闭合（主体结构完成 70 层时，幕墙吊装到 50 层，内部装修开始），1998 年 8 月底全部竣工，交付使用单位。但是工地施工工期短是不会自然实现的，只有认识了单元式幕墙的特点，通过对施工组织设计作科学、合理的安排才能实现，如果不掌握单元式幕墙的安装规律，可能适得其反。

2. 为建筑师发挥想象力提供了广阔的天地

单元式幕墙由于在工厂安装，可以用各种构图来组合拼装成单元组件，运往工地吊装就位（构件式幕墙由于受在工地安装条件的限制，一般只能采用简单平面形式组合）。这样就可以设计出各种不同风格异形幕墙，使采用幕墙的建筑物发挥出最佳艺术效果。

3. 融各种幕墙技术于一身

单元式幕墙融各种幕墙技术于一体（即可采用各种不同的金属杆件、各种不同材质的面板，用各种方法固定面板）。单元式幕墙由于采用了对插接缝，使幕墙对外界因素的变形适应能力更好；为采用雨幕原理进行构造设计提供了最佳场合，从而为提高整幅幕墙的水密性和气密性创造了条件。单元式幕墙的立面布置方式更趋灵活，为采用更合理的杆件计算图提供了条件，从而使杆件（竖框）用料更经济。单元式幕墙由于在工厂组装，单元组件本身的质量控制比工地要优越。

单元式幕墙的构造设计上有其自己的特点，对此应有明确的认识，如果稍有疏忽，将造成难以弥补的后遗症。单元式幕墙是靠两相邻组件（上单元与下单元，左单元与右单元）在主体结构上安装时由对插形成了接缝，这样它在构造和连接处理上与构件式（元件式）幕墙有着重大区别。

根据美国铝合金建筑制品协会出版社的《铝幕墙设计指导书》介绍，幕墙使用于建筑物始于20世纪初。1917年在旧金山建造了第一栋玻璃幕墙建筑物，名为Willis Polks Hallide大厦，其后在1925年，德国Dessau地区的Bauhaus建成作为玻璃幕墙代表性实例的建筑物，设计者为世界著名建筑师Watler Gropius。到了50年代，现代幕墙诞生了。1951年开始建造大量使用幕墙的建筑物，其中有代表性的为1951年建成的联合国秘书处大厦，它是构件式明框幕墙代表作。1952 年，美国宾夕法尼亚州匹兹堡市建成阿尔康大厦（Alcoa Building），它是单元式幕墙的代表作。以后陆续有许多建筑物分别采用构件式或单元式幕墙。1972 年建成的纽约市世界贸易中心大厦共有 110 层，高 412m，以后又建成了西尔斯大厦（110 层，高 443m），1998 年建成的吉隆坡双塔楼 88 层，高 452m，2007 年开始建筑和安装的迪拜塔 160 层，单元式幕墙暂定高度为 880m，居世界幕墙高度之首，国内已建成的最高建筑——上海金茂大厦（420.5m）采用了单元式幕墙。世界幕墙发展的历史告诉我们，以工厂加工程度高低区分构件式或单元式幕墙，它们作为近代幕墙几乎同时诞生，都经历了近 60 年的发展过程，而且都同样在向更高技术水平发展，不论构件式还是单元式都因采用最新幕墙技术而成为高技术产品。

第二节　单元式幕墙的技术特点

单元式幕墙与构件式（元件式）幕墙的不同是在工厂已经将单元组件制作完成，即面板已安装在单元组件框上，而单元组件与主体结构的连接构件安装在单元组件内侧，在吊装时单元组件与主体结构的连接必须在内侧操作。单元组件间接缝靠相邻两单元组件相邻框对插组合杆完成接缝，它不是在一个整体杆件上接缝，而是靠对插组成组合杆件完成接缝。幕墙的外形、尺寸（精度）是在工厂完成的，幕墙的外表面平整度是靠安装在主体结构上的连接件的准确性和幕墙的构造精度来保证的，在安装过程中无法调整。

1. 单元式幕墙的特点

单元式幕墙系由各单元组件嵌装连接的外围护结构，各单元间嵌装连接接口质量对幕墙性能起着非常重要的作用。因此，确保各单元间嵌装连接接口处既要能吸收各单元件制作、施工误差和层间变位，又要能保证接口处的水密性和气密性至关重要。

由于单元式幕墙接缝构造上的特点，决定了单元式幕墙间嵌装连接接口构造上的特殊性，这主要表现在封口技术、收口技术、雨幕原理三个方面。

（1）封口技术

单元式幕墙通过对插完成接缝，这样上、下、左、右四个单元连接点上必然有一个4个单元组件对插件均不能到达的地方，此处必然会形成一个内外贯穿的空洞。如何堵好这个洞是单元式幕墙设计中必须解决好的问题，因此在设计型材前就要考虑好封口构造的设计。在设计型材断面时就要将封口构造体现在型材上，挤压出的型材断面就包含有封口构造要求，如果在设计时不考虑好封口构造，将造成不可弥补的损失。

现在封口方法有两种：即横滑型和横锁型。

①横滑型

横滑型构造是在左、右相邻两单元组件上框中设封口板，用这个封口板将上、下、左、右4个单元组件结合部位内外贯通的开口封堵。此封口板除了具有封口功能外，还是集水槽和分隔板（把竖框分隔成每层一个单元）。由于这个封口板嵌在单元组件上框的滑槽内，它比上单元下框的公槽大，上单元下框可以在封口板槽内自由滑动。它不限制上单元下框在相邻下单元组件上框内滑动，因而它很好地解决了层间单元在外力和温度作用下变形的能力。

在地震作用下，在主体结构层间变位时原来上下一一对齐的两单元组件，在主体结构层间变位影响下，上下层单元组件发生相对位移，这时候上单元不再定位在原来对齐的下单元组件上框中，而可能局部滑入相邻下单元组件的上框。由于这种滑动，在地震中单元组件本身平面内变形比主体结构层间位移小。以前国外有些人从拟静力试验的结果（拟静力试验时采用规律性左右变位，单元组件有规律同向运动）认为单元式幕墙由于这种滑动而减少了单元组件本身的平面变形。但在地震时单元式幕墙不像拟静力试验中只有同向运动而是随机运动。1994年同济大学用振动台法进行单元式幕墙抗震试验，发现单元式幕墙平面内带有随机性（不是规律的同向运动），即在地震发生的初级阶段是同向运动，以后陆续发生异向运动，即相向运动和背向运动。相向运动时可能会发生相邻两单元接缝处杆件碰撞；背向运动时，相邻两单元接缝拉开，由于三维地震作用影响，拉开后恢复时杆件错位而碰撞，因此，《高层民用建筑钢结构技术规程》（JGJ 99—98）第 9 章第 9.1.3 条规定幕墙与主体结构连接设计应考虑防碰撞问题。所以在设计单元组件左右接缝时，要使其搭接量比预期变位量大 1mm，防止两单元组件碰撞。

横滑型封口板的集水、排水功能比较成熟，如果设计得好，则可大大提高幕墙水密性能，即可以达到超高性能（2500Pa）水平。但这种封口板只能用于相邻两单元 180°对插，尽可能只用于一个平面的单元组件，如果两单元成折线或 90°对插，封口就无法使用，同时这种封口板搁在上框底板上，相邻组件上框底板构造厚度部分封口板无法封口，要采用辅助封口措施，用胶带纸粘贴在竖框顶端形成板底，再注胶密封（图 3－1）。

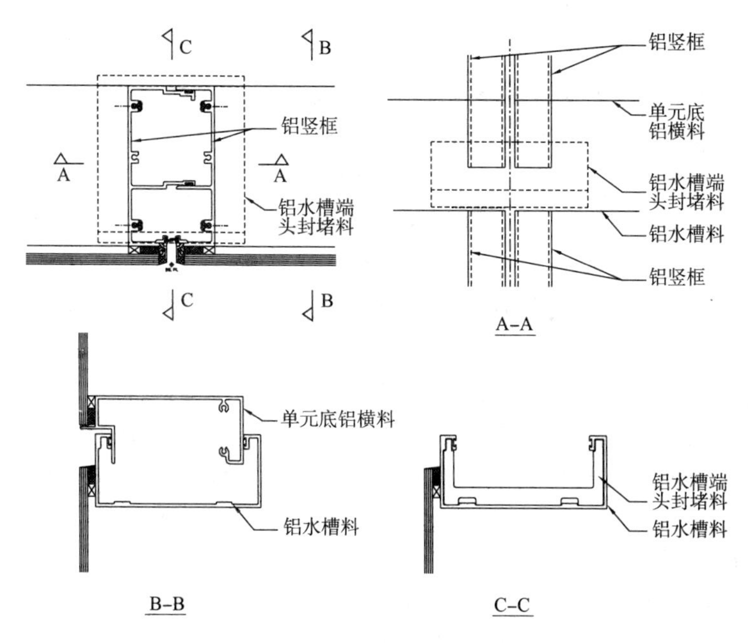

图 3－1　横滑型结构示意图

②横锁型

横锁型构造是在相邻上下两单元组件竖框内各设开口的内套管，内套管也互相对插将接缝处空洞封堵。由于上下单元竖框用内套管插接，上下单元形成横向锁定，即上单元组件不能在下单元组件上框中滑动，将上下两个单元组合成了一个整体，左右相邻两单元也不能滑动，称为横锁型。因单元固定在主体结构上，它的平面内变形与主体结构层间变位几乎相同，在地震作用下竖框随建筑物主体结构层间位移进行平面内变形，故单元组件的平面变形率大于横滑型的。

从水密性方面来看，“横锁”单元幕墙不得不用“塞棉花团子”打密封胶来解决插芯无法解决的缝隙，没有任何排水线路来保证其水密性能，其他性能更不要说。这种单元幕墙肯定漏水。所以目前实际工程中“横锁”型应用较少，只在圆弧幕墙处有较多的应用（图 3－2 和图 3－3）。

（2）收口技术

单元式幕墙单元组件间靠对插完成接缝，因此它的安装顺序要求非常严格，即每一层要横向按次序一块接一块对插，当中不能留空位（因为对插接缝无法平推进入空位），安装完一层再安装上一层，最后一个单元如何与相邻两单元连接是一个难点，因为已安装固定的左右两单元之间距离净空比单元组件实际宽度要小，这个组件无法在水平方向平推进入空位，也不能先插一侧再插另一侧。如按标准设计，最后一单元根本无法插入。设计时，在起始和收口处应预留两单元空位，收口时将一单元组件平推进入空位，最后再从上向下插最后一单元完成接缝。为了保证能顺利插入，安装不受影响，在最后两个单元两侧都更换了铝料，且与结构连接的码件也作了相应的修改。所以确定起始和最后单元的位置和最后单元的设计对于单元幕墙安装及保证其性能至关重要，这既是单元幕墙的收口技术。图 3－4 为起始和最后单元安装示意。

由于收口处理技术比较复杂，因此最好每层只设一处收

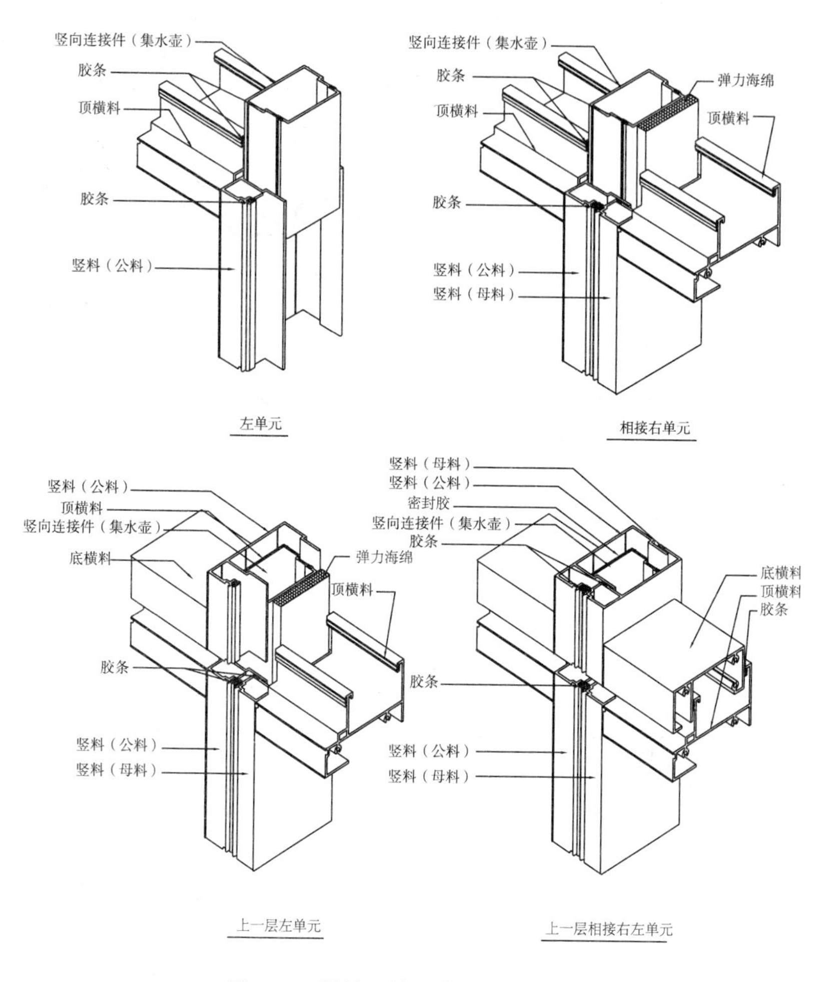

图 3－2　横锁型单元幕墙结构示意图

口点，这就要求在设计时就确定好收口点位置及相应的收口方法，非设计收口部位不能中断安装过程而留空位，在编制施工组织设计（全部土建工程而不是幕墙工程分部的施工组织设计）时，特别是施工总平面图设计时要注意到单元式幕墙横向一一对插的特点，将施工机具布置在单元式幕墙收口部位，不能任意布置，因为高层建筑的塔吊、施工电梯等施

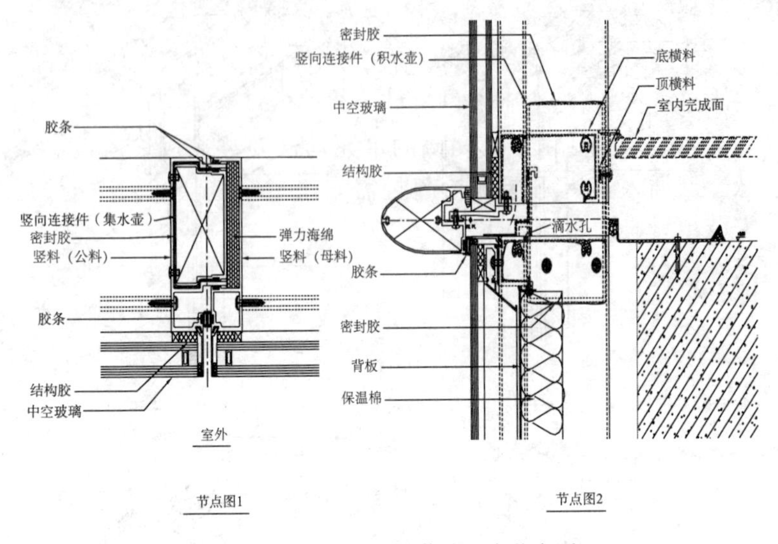

图 3-3　横锁型单元幕墙基本节点图

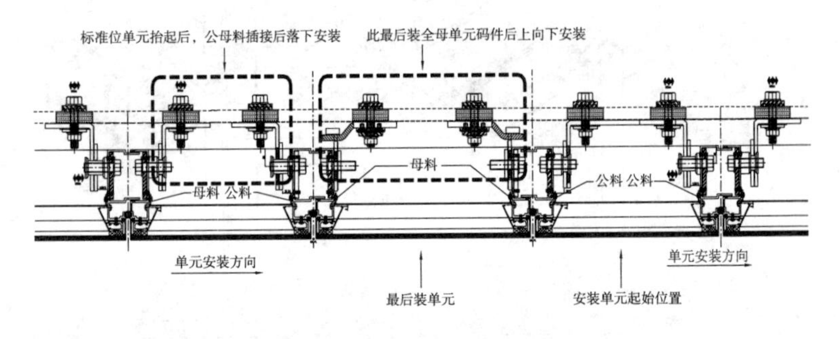

图 3-4　起始和最后单元安装示意

工机具，每隔 3 层左右要和主体结构拉接一次，这些拉接杆将使单元组件无法通过而中断安装，因而留下空位，要待这些机具拆除后才能收口，难度相当大，即使采用一些临时措施，效果也不会理想。因此对单元式幕墙的建筑，在编制总施工组织设计时，施工总平面图要按单元式幕墙组装规律，将施工机具布置在单元幕墙收口部位，这是实现工地工期短的关键。

①最后安装单元设计

标准位置单元安装时先抬起一定距离（如图 3-5 所示，需大于 30mm），然后将母料插入公料后再落下完成安装。而最后安装单元，由于其两侧的单元均已安装完成，所以必须从上层插入落入下层（抬起量需大于一个楼层），这样最后安装单元必须为全母单元，其相连单元的竖料亦应相应调整为全公单元。现在一般采用二加一收口法，一处最后收口点留三单元空位，收口时两单元组件平推进入空位，最后单元再从上往下插入，定位固定后完成接缝，如图 3-6 所示。图 3-6 中单元 103 为最后安装单元，其两侧竖料均为母料，相连右侧单元 102 其两侧竖料均为公料。安装时先将收口位置单元 101、102、103 三个单元空出，从 1 号标准单元开始安装，一层标准单元安装完成后再按同样顺序安装上层单元，待所有标准单元安装完成后，再将单元 101、102 平推进入空位，最后将最后安装单元 103，再从上往下插入，定位固定后完成接缝。

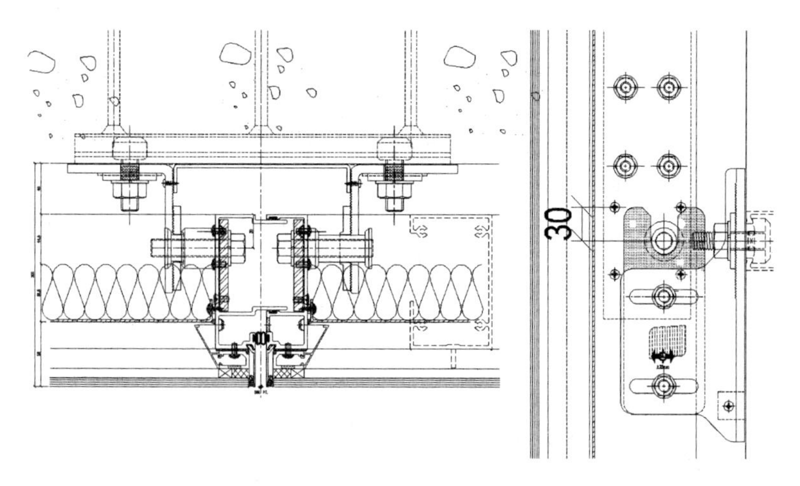

图 3-5 标准位置单元安装示意图

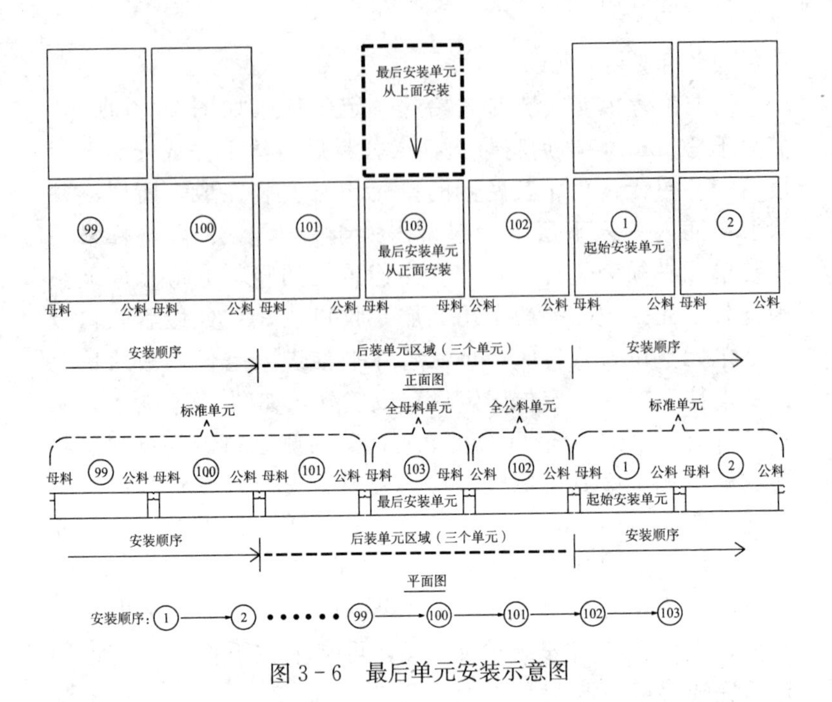

图 3-6　最后单元安装示意图

②单元安装顺序的确定

单元式幕墙的安装顺序非常重要，因为它直接关系到工人能否顺利安装以及最后一块单元能否安装进去。

安装方向：单元式玻璃幕墙的安装方向均为“逆时针”方向，并且中间不能间断，必须连续安装。

单元幕墙一般公料在左，母料在右边，安装时需将单元抬高一定距离插入到另一单元中如图 3-7 所示。

单元幕墙由于靠公料和母料对插形成胶缝，实际构造如图 3-8 所示。

水槽料同时在公母料上面，长度平齐公母料，如果先安装右边母料部分，则公料会被水槽料挡住而无法抬起插入，所以必须先安装左边的公料单元，再安装右边母料单元，这样从左至右自然形成了单元式玻璃幕墙的安装方向均为“逆时针”方向。图 3-9 为单元幕墙安装示意图。

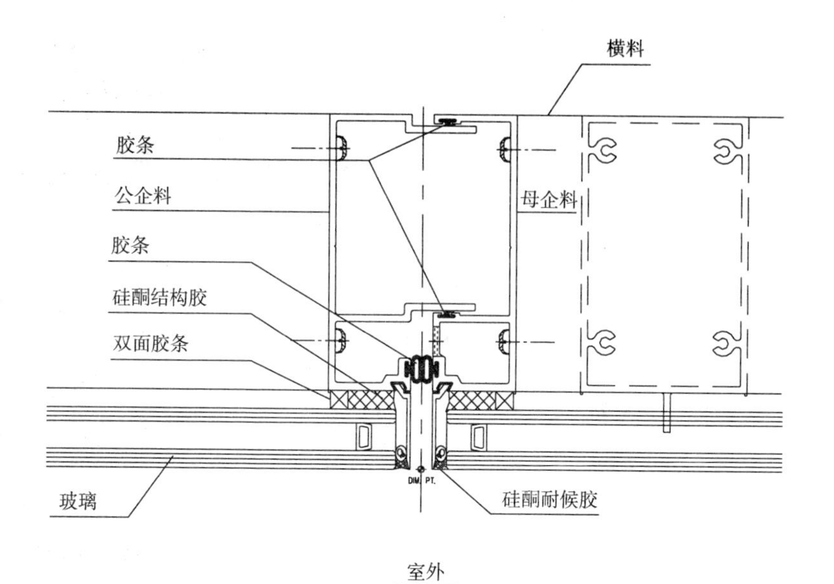

图 3－7　单元幕墙的具体做法

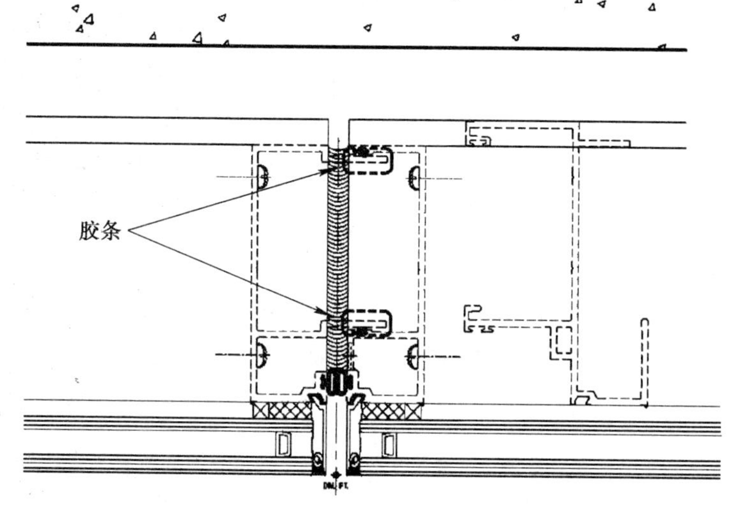

图 3－8　两幅单元幕墙之间胶缝

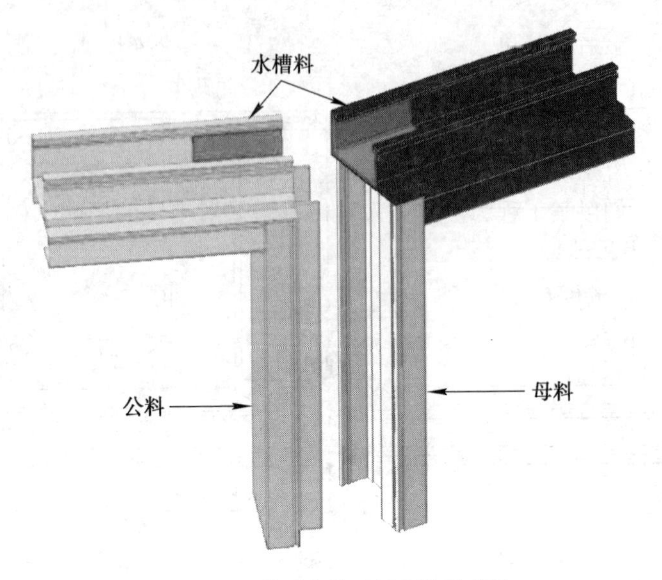

图 3-9　单元幕墙对插安装示意图

我们在设计挂码时，亦应考虑逆时针安装的问题。如图 3-10 所示，单元幕墙公母料两边采用一长一短螺栓供悬挂在码件上用，其中短的那个螺栓它刚好挂在码件内，是起定位作用的。另一个长的螺栓供伸缩调节用，相对码件可以左右移动几毫米。由于单元幕墙的安装顺序为“逆时针”方向，即从左至右，当左边单元安装完成后，定位螺栓始终在单元右边，即始终在安装单元外边，工人很容易看到定位螺栓是否安装到位，便于安装工人操作。

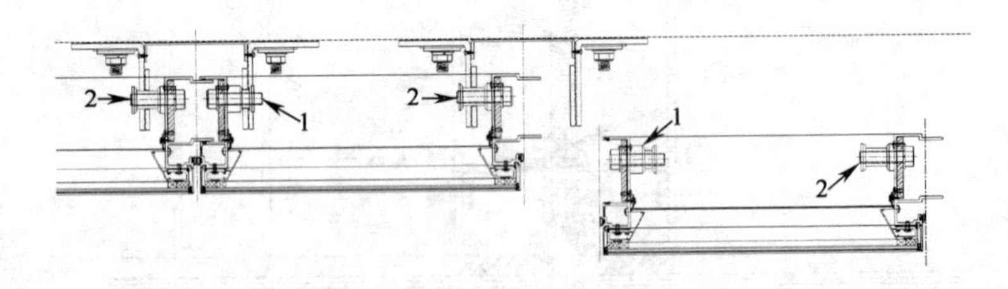

图 3-10　单元幕墙安装示意

1—供伸缩调节用的长螺栓；2—供定位用的短螺栓

③最后安装单元确定

由于幕墙工程往往一圈为封闭的，而现场塔吊，人用升降电梯、垃圾槽等直接影响幕墙单元的正常安装和幕墙封闭。它们的位置是确定最后安装位置的重要因素。

我们以某工程为例：先来看一下塔吊对安装的影响（图 3－11 和图 3－12）。

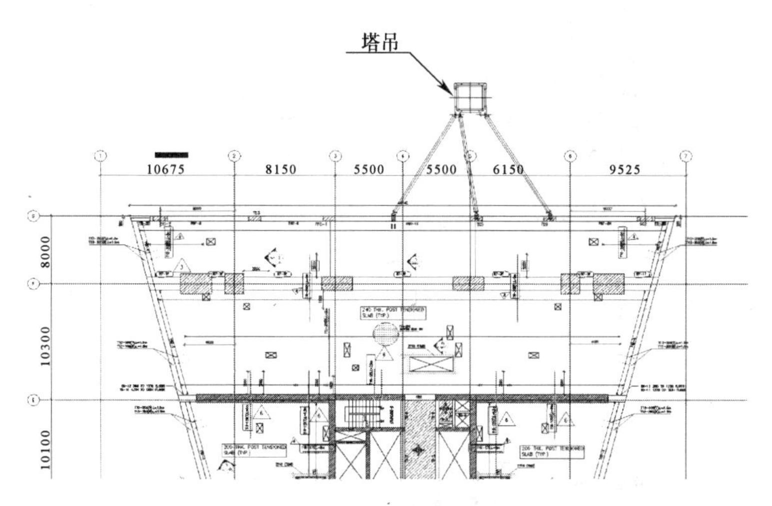

图 3－11　塔吊对幕墙安装的影响Ⅰ

从图 3－12 可以看到，为保证塔吊的稳定，每隔几层都会设置三根撑杆固定塔吊，这三根撑杆需待塔吊移走才能拆除，因而这三个撑杆严重影响单元的安装。在工程施工设计时，只能空出不装。下面看看先空出不装的照片例子（图 3－13 和图 3－14）。

塔吊、人用升降电梯、垃圾槽虽属临时设施，但其工程开始一直要到整个工程主体完工后才能拆除，而整个工程安装工期根本就不允许我们等到这些临时设施完全拆除后再施工，多数工程都是交叉施工。下面先看看图纸照片，了解垃圾槽、人用升降电梯对安装的影响（图 3－15～图 3－17）。

图 3-12　塔吊对幕墙安装的影响Ⅱ

图 3-13　撑杆对幕墙安装塔吊的影响Ⅰ

图 3-14　撑杆对幕墙安装塔吊的影响Ⅱ

图 3-15　垃圾槽对幕墙安装的影响

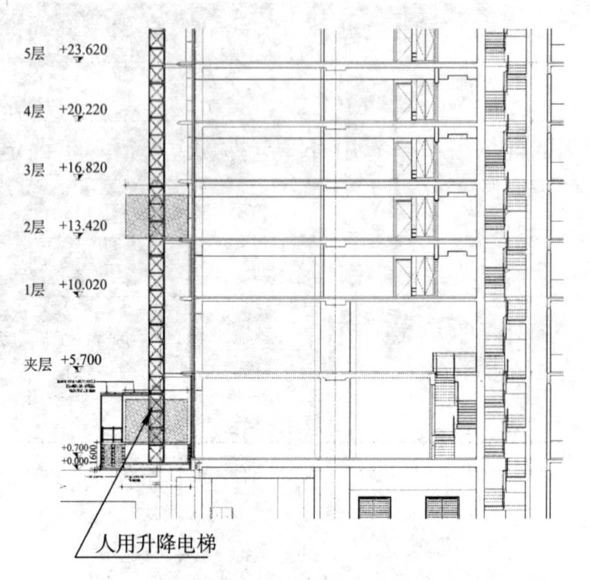

图 3-16　人用升降电梯对幕墙安装的影响立面示意

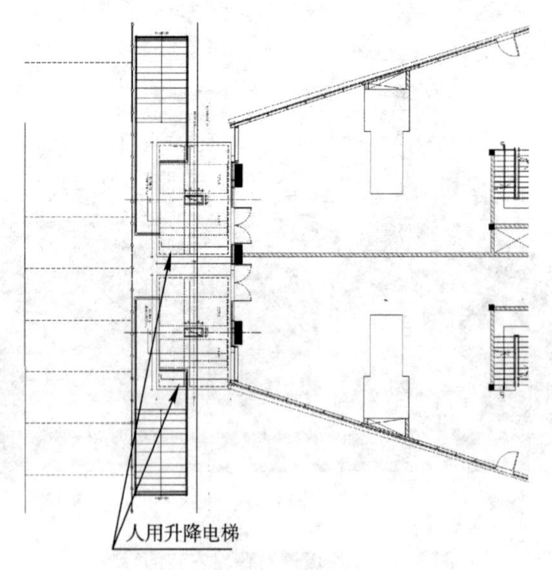

图3-17　人用升降电梯对幕墙安装的影响平面示意

升降电梯每天都要不停地上下人，从安全考虑，根本就不允许人员进入测量放线安装码件，就更不用说无法安装单元板块，所以这些位置也只能设置成最后安装单元。所以避开影响幕墙封闭的现场塔吊、人用升降电梯、垃圾槽等是确定最后安装位置的重要因素。

以上因素的具体位置、数量各工程是不同的。在确定最后安装位置时需根据每个工程不同情况避开影响幕墙封闭的因素，在此就不一一赘述了。

（3）按照雨幕原理进行接缝防水设计

雨幕原理是单元幕墙的一个设计原理，它指出雨水对这一层“幕”的渗透将如何被阻止的原理。其主要因素为在接缝部位内部设有空腔，其外表面（即“雨幕”）内侧的压力在所有部位上一直要保持和室外气压相等，以使外表面两侧处于等压状态。压力平衡的取得是有意使开口处于敞开状态，使空腔与室外空气流通，以达到压力平衡。

幕墙发生渗漏要具备 3 个要素：

①幕墙面上要有缝隙；

②缝隙周围要有水；

③有使水通过缝隙进入幕墙内部的作用。

这 3 个要素中如果缺少一项渗漏就不会发生（如果将这 3 个要素的效应减少到最低程度，则渗漏可降低到最小程度）。在外壁，水和缝隙是无法消除的，只有在作用上下功夫，通过消除作用来使水不通过缝隙进入等压腔。在内壁，缝隙和作用（特别是压差）不能消除，要达到内壁不渗漏，则要使水淋不到内壁，这正好由外壁（雨幕）发挥的效应来达到，外壁内、外侧等压，水进不了等压腔，就没有水淋到内壁，内壁缝隙周围没有水，内壁就不会发生渗漏，这样单元式幕墙对插部位就不会有水渗入室内了。

以香港远东公司承接的《迪拜 Sama Tower》工程设计为例来了解雨幕原理的应用。

①竖缝防水构造设计——竖缝设计的原则是挡水：竖缝处设置多腔，多腔外侧设置挡水胶条（雨幕），使大部分水都挡在竖缝的前半部分（空腔 1），如图挡水胶条作用是阻止大量雨水进入空腔 1，挡水胶条在单元组件连接处（即横梁对插位置）有一开口，使等压腔与室外空气流通，维持压力平衡。竖缝设置多腔的目的是减少水“靠近”室内的可能性。挡水胶条阻挡了大部分水，少量水进入等压腔后，大部分水被密封胶条阻挡在空腔 2 之外，进入空腔 2 的水就微乎其微了（图 3－18）。

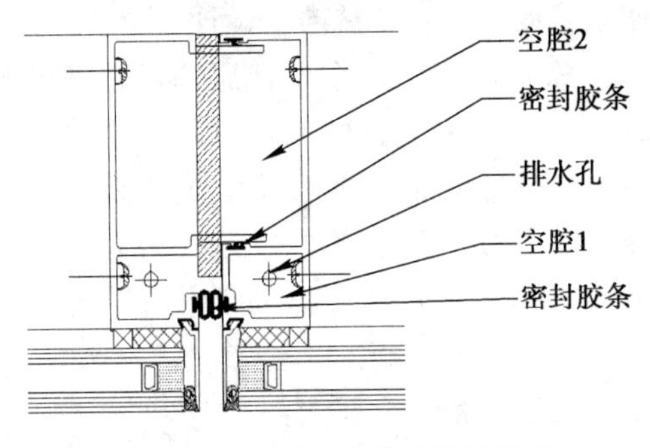

图 3－18　竖缝防水构造设计示意

②横缝防水构造设计要点——确保从横缝进入的雨水不进入室内：能将从竖缝进入的雨水及时排出，在单元组件上横料处不积水，单元组件的上下框料与左右框料接缝处在工厂组装时打胶密封。框料连接螺钉需整体涂胶后再装入螺丝孔中并且连接完成后在连接壁两侧涂胶密封。

a. 进水途径的防水构造设计：在单元组件上横料处开排水孔，将渗雨水排入下一单元组件空腔 1 中，最后从底层单元组件底部排出（图 3－19 和图 3－20）。

b. 在装饰条中部及底部开排水孔，直接排到室外（图 3－19）。

c. 单元组件上框料设置两道密封胶条，防止部分水随气流“漫过”密封胶条进入空腔 4（图 3－21）。

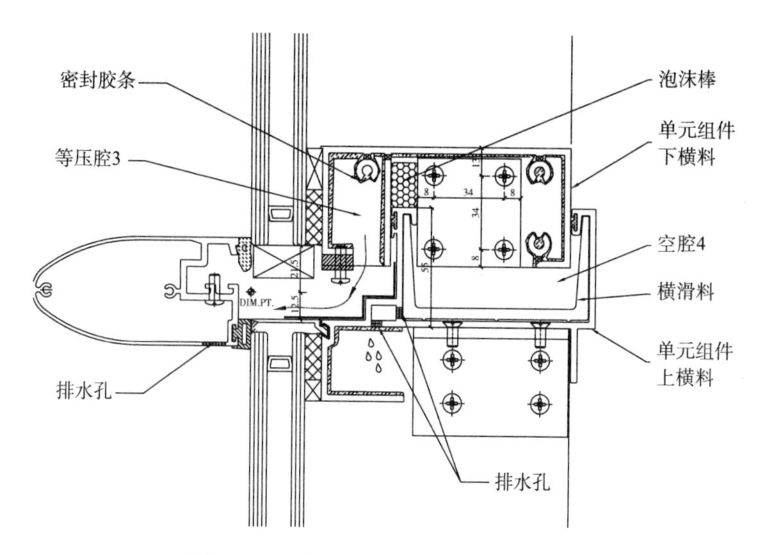

图 3-19　横缝防水构造设计示意图Ⅰ

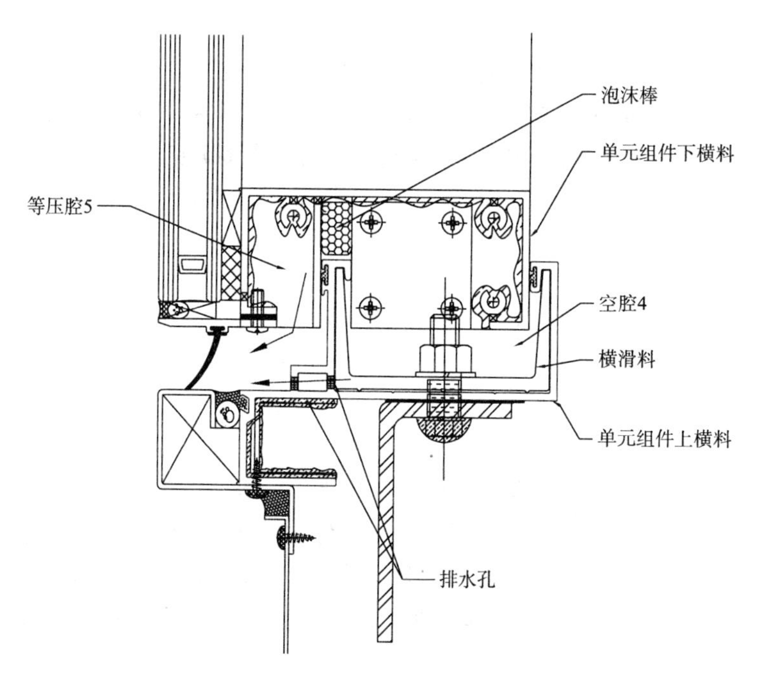

图 3-20　横缝防水构造设计示意图Ⅱ

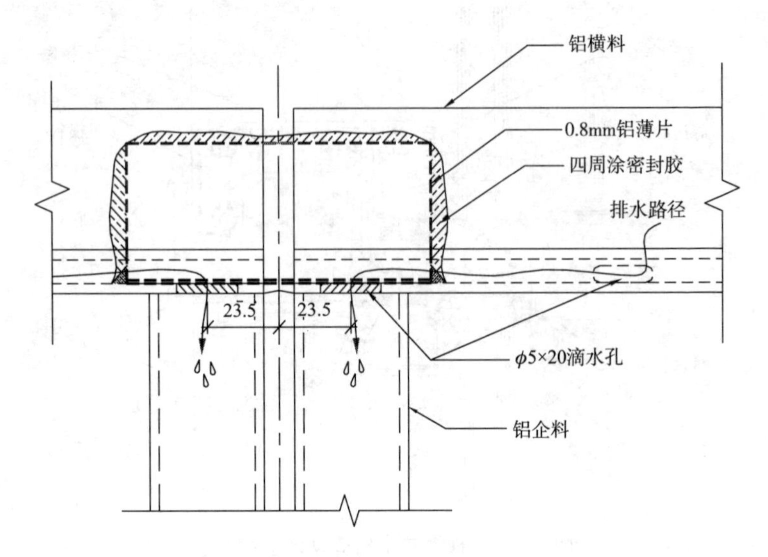

图 3-21　横缝防水构造设计示意图Ⅲ

d. 封口处防水构造设计：在单元组件的上框设置横滑块，横滑块（铝水槽料）长度大于 200mm，其两端头设封堵片（0.8mm 铝薄片），并且与上框料上壁四周涂胶密封。在单元组件上框料向外开排水孔，少量从空腔 3 进入空腔 4 的水及少量进入竖缝中空腔 2 坠落到横滑板上的水能由此孔进入等压腔，排到下一单元组件。此孔宜设在上框料中部，远离竖缝接缝区域，防止竖缝进入的水由此孔进入空腔 4（图 3-21）。

e. 中横框料与左右竖框料接缝处在工厂组装时涂胶密封。在与中横框料交接处的竖框壁上开孔，冷凝水搜集后由此孔流入竖框，落到横缝中的空腔 5 内排出室外（图 3-22）。

2. 单元式幕墙与主体结构的连接

单元式幕墙是靠相邻两单元组件在主体结构上安装时对插完成接缝的，因此它在构造和连接处理上与构件式幕墙有着重大的区别。我们必须认识它的这些特点，才能做好单元式幕墙。

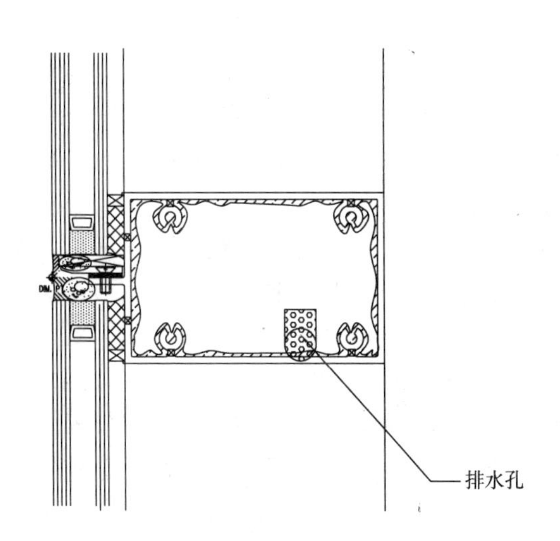

图 3-22　横缝防水构造设计示意图Ⅳ

(1) 预埋件

为使单元式幕墙便于三维调节，保证安装精度，在标准位置（特殊位置作特别处理）处采用槽式预埋件（图 3-23）。

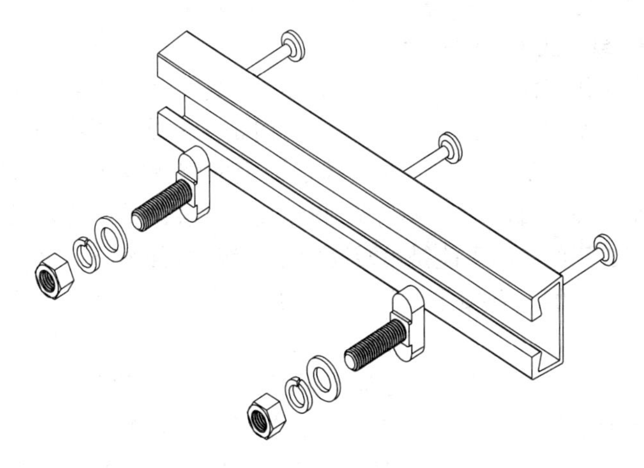

图 3-23　槽式预埋件

(2) 连接件

在主体结构上安装单元式幕墙的连接件，要对一个安装单元（全高或8～12个楼层）一次全部安装调整到位，用连接件的安装精度来保证单元式幕墙的安装质量，即单元式幕墙外表面的平整度是靠连接件的安装精度和单元式幕墙单元组件构造厚度的精度来保证。

安装在主体结构的连接件除安装精度要保证单元组件的安装质量外，还要在吊装固定过程中具有一定的调节可能，也就是说连接件要具有三向六自由度（三维方向移动和绕X、Y、Z轴3个方向转角）。它分两个阶段实施，即连接件在主体结构上安装时的调整和吊装过程中的微调，为保证单元式幕墙外表面平整度，在主体结构上安装连接件时，要使Z方向一次完全到位，即连接件安装固定后不能有Z向位移和转角，在X、Y向各要初步调整到位，且在设计连接件（单元组件上的连接构件）时，要使它们在安装过程中，在X、Y向能微量调整位移和绕X、Y轴能转角，要使吊装就位能顺畅实施。调整到位后，在X方向，一侧要固定定位，另一侧要能活动并复位，无论采用铁连接件还是铝连接件都必须满足三维调整要求（图3-24～图3-27）。

3. 单元式幕墙的吊装

在实体墙面上布置连接点，由于要使1个安装单元（全高或8～12个楼层）的所有连接件三向精度一次全部调整到位，就需要多个吊篮（例如，在实体墙面上安装调整连接件有时要在3个层面，每层配3～5个吊篮）进行安装调整，这时安装调整预埋件用的工时可能是吊装固定单元组件用的3～5倍。而且由于组件内侧没有操作空间，要求预埋件在三向全部达到位置要求的精度，且单元组件上的连接构件的配合要完全吻合才能在吊装时一次就位成功（这很难做到），如果主体结构上的预埋件和单元组件的连接构件的配合公差稍大，就无法顺畅安装到位，有时候要采用野蛮的敲击方法迫使单元组件就位，即使这样也还会有部分组件无法安装到位。

单元组件在主体结构上安装连接是相邻两单元组件对插接缝与主体结构的连接对插（扣、挂）同时进行，单元式幕墙在吊装

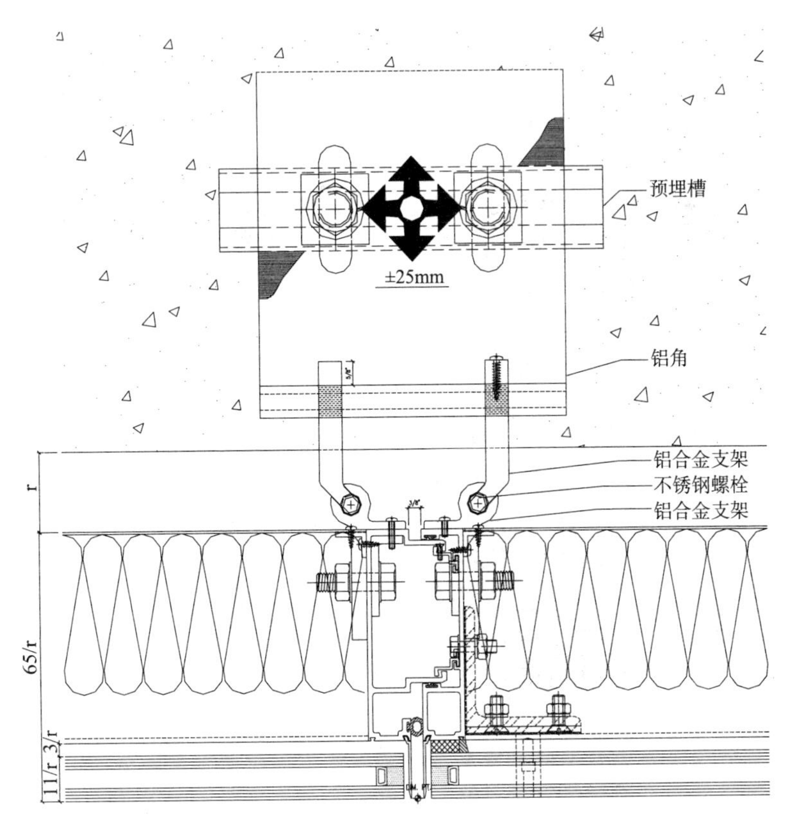

图 3-24　连接件调节示意图Ⅰ

时，两相邻（上下、左右）单元组件通过对插完成接缝，它要求单元式幕墙用的铝型材不仅外观质量要完全符合 GB/T5237 的规定，而且还要提出补充要求，即对插件的配合公差和对插中心线到外表面的偏差要控制在允许范围之内。单元式幕墙单元组件上的连接构件与安装在主体结构上的预埋件的固定和上述相邻单元组件对插同时进行，这样单元式幕墙的质量控制流程和元件式（元件单元式）不一样，元件式（元件单元式）幕墙质量控制环节为杆（元）件制作（结构装配组件制作）和安装两（三）个环节，而单元式幕墙除了控制杆（元）件制作质量外，还要控制单元组

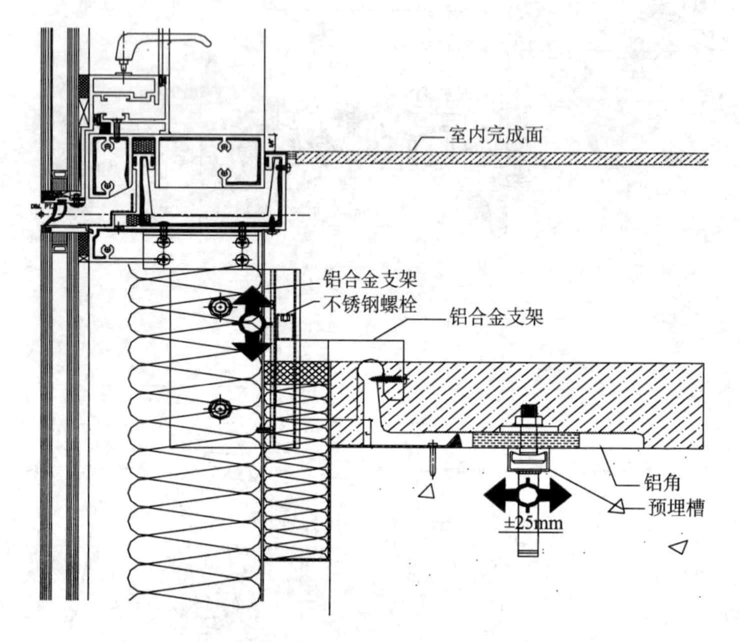

图 3-25　连接件调节示意图Ⅱ

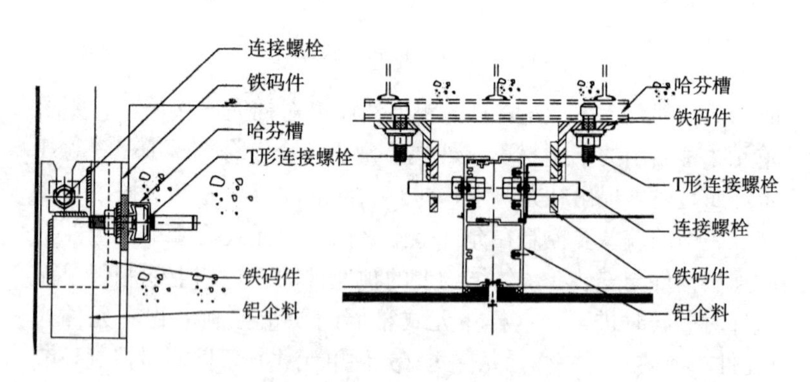

图 3-26　铁连接件示意图

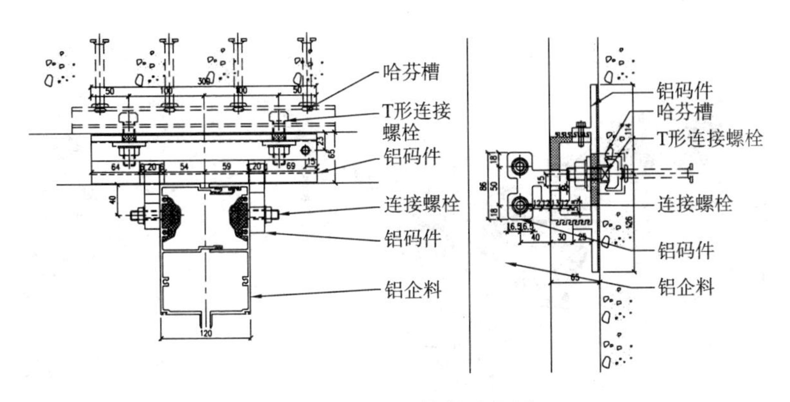

图 3－27　铝连接件示意图

件框制作、单元组件组装、在主体结构安装连接件的质量，最后才是吊装固定的质量控制。在单元组件组装时要特别强调单元组件上的连接构件的安装偏差，要使单元组件上的连接构件和安装在主体结构上的连接件的配合公差控制在允许范围之内，才能保证安装好单元式幕墙外表面平整度等指标达到幕墙质量要求，并且使吊装就位能顺畅实施。如果两者配合公差超过允许范围，则单元组件吊装就位过程很难做到顺畅，往往要采用一些野蛮方法进行敲、击迫使其勉强就位。这时连接构件在连接处发生位移，或迫使杆件挠曲后就位，这样单元组件就产生了装配应力或连接局部破损（松动），影响安全使用和寿命，同时影响安装后的整体质量，降低性能。

单元组件吊装应按如下操作：

（1）安装吊夹：一个单元组件在距离竖框 1/4 处安装两个吊夹；

（2）准备起吊；

（3）起吊：用电动葫芦起吊；

（4）调整安装。

单元组件吊装过程见图 3－28～图 3－35。

图 3-28　单元组件吊装图—安装吊夹

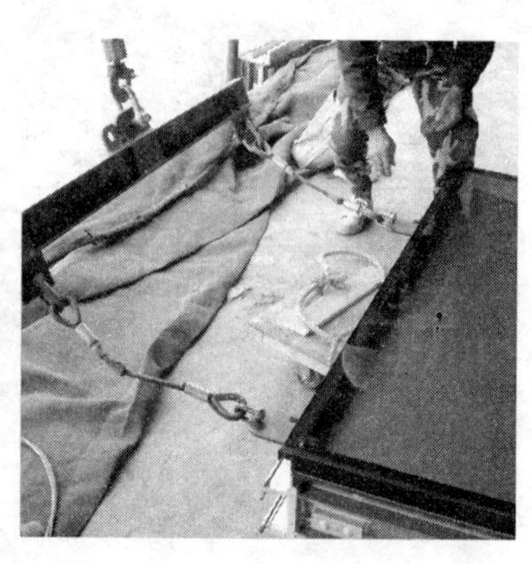

图 3-29　单元组件吊装图—准备起吊

图 3-30　单元组件吊装图—开始起吊

图 3-31　单元组件吊装图—
吊装进行中（1）

图 3-32　单元组件吊装图—
吊装进行中（2）

图 3-33　单元组件吊装图—
吊装进行中（3）

图 3-34　单元组件吊装图—吊装进行中、板块到位

图 3-35　单元组件吊装图—调整定位

构件式幕墙是在主体结构上安装杆件（立柱、横梁）形成框格的外形、尺寸和外表面平整度是杆件安装过程中调整、定位、固定形成的，杆件安装完毕形成固定在主体结构上的框格后，再安装玻璃（金属板、石板、装配玻璃组件等）形成幕墙。面板的接缝在一根整体杆（立柱、横梁）上，这个杆件在型材挤压时就是一个整杆件，面板固定在这个杆件上。上墙安装时，先安装杆件，此时由于尚未安装面板，人可在外侧操作，对杆件进行调整、定位后固定，在杆件安装定位固定后再安装面板。

复习题

1. 何谓单元式幕墙?
2. 单元式幕墙构造特点是什么?
3. 单元式幕墙技术难点在何处? 如何解决?
4. 简述单元板块吊装基本工序及所需工具。

第四章　单元式玻璃幕墙工程安装施工方案

第一节　施工前准备

1. 说明

施工前准备工作属于工程前期工作。准备工作的好坏，是否充分，对工程的施工有很大的影响，作为一个工程项目经理，要对工程技术资料、工具、材料、人员、机械、临时设施做好充分的准备。

2. 施工前准备的内容

（1）工程情况

对工地概况进行了解掌握，熟悉有关施工单位及甲方、监理公司的有关情况，熟悉施工用水源、电源、垂直运输、外脚手架等情况。

（2）技术资料准备

首先图纸准备，对图纸要充分熟悉，对不清楚有疑难的地方要问明弄懂，还需要准备有关图集、质量验收标准、安全指标、各种需要的表格和有关工程竣工验收需要的资料等。

（3）工具、器具准备

对所需的工具、器具提出供应计划，具体到型号、数量、供应时间等，同时要将计划送交仓库、总务、采购等部门，共同做好工具、器具准备。

（4）材料准备

根据图纸及工程情况，做出详细的材料订货供应计划单，根据施工进度计划安排，将所有资料的供货时间安排好。

（5）人员准备

项目经理对自己管辖工程中的人员安排亦要列出详细的准

备工作，包括工种、各工种人数、进场时间，尽量做到落实到岗、到位，明确责任。

（6）临时设施

包括办公、生活、住宿、仓库等，根据工程的材料及人员情况进行准备。

（7）施工组织计划准备

要对施工进度质量进行行之有效的控制，必须做好详细的施工组织计划，施工组织计划准备得越细，落实得越充分，工程的进度质量就能控制得越好。

3. 管理重点

（1）各种准备工作要落实在实处，不能浮于表面。

（2）准备工作落实到人，同时明确到具体人的责任。

（3）所有准备各责任人要签字负责。

第二节　建筑物或建筑物轮廓测量

1. 说明

由于幕墙的高精级特征，所以对土建的要求相对提高（土建施工的误差与建筑结构的难易、施工单位的水平有关系），这就造成施工与土建误差的矛盾。而解决这一矛盾的唯一途径就是幕墙施工单位对结构误差进行调整，这就需要我们对主体已完成局部的建筑物进行外轮廓测量，根据测量结果确定幕墙的调整处理方法，提供给设计部作出设计更改。

2. 作业工艺流程

熟悉了解建筑结构与幕墙设计图→对整个工程进行分区、分面→确定基准测量层→确定基准测量轴线→确定基准点→放线→测量→记录原始数据→更换测量立面（或层次）→重复上面程序→整理数据→分类→处理或上报设计部。

3. 基本操作说明

（1）熟悉图纸

对于本作业的操作，首先要对有关图纸有全面的了解，不仅是对幕墙施工图，对土建建筑、结构图也需要了解，主要了解立面变化的位置、标高、变化的特点，对图纸全面掌握需对照实际施工进行。

（2）对整个工程进行分区、分面，编制测量计划

对于工作量较大的或是较复杂的工程，测量要分类有序进行，在对建筑物轮廓测量前要编制测量计划，对所测量对象进行分区、分面、分部的计划测量，然后进行综合，测量区域的划分在一般情况下遵循以立面划分为基础，以立面变化为界限的原则，全方位进行测量。

（3）在对整个工程进行区分（可在图纸上完成，也可在现场完成）后就对每个区进行测量

根据实际情况，可一区一区进行，也可以几个区同时进行，在测量时首先选定基准层。

①基准层必须具备以下几个条件：

a. 要具备纵观全区的特性；

b. 可以由此层开线到全区的每一个部分；

c. 由此层所放线的线具有可测量性和可控性。

②基准层的选择（图 4－1）：

a. 一般在全区的较高部位和较低部位各一层；

b. 在立面变化复杂的上下层；

c. 每个复杂立面层。

结论：基准层是可影响周围环境的层次，基准层也是垂直方位的定位层。

（4）基准测量轴线（即幕墙定位轴线）的确定

确定了基准测量层后，随后即要确定基准测量轴线。

基准测量轴线必须与建筑物主体结构的主轴线重合、平行或垂直。幕墙施工定位前，首先要与土建共同确定并复核土建的主体结构的主轴线，以免幕墙施工和室内外装饰施工发生矛盾，造成阴阳角不方正和装饰面不平行等缺陷（图 4－2）。

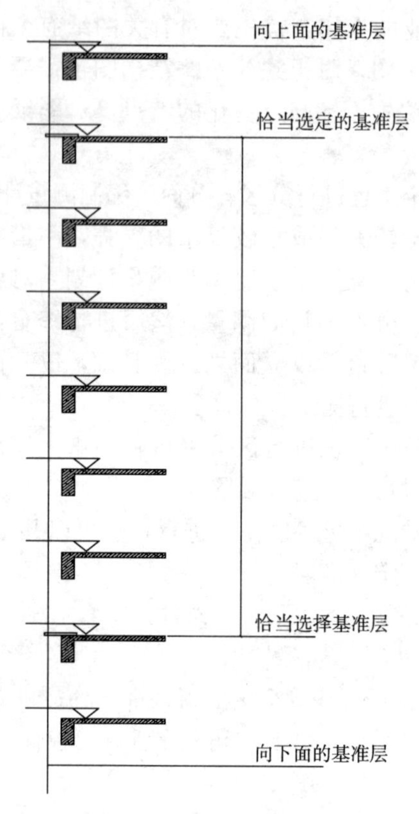

图 4－1　基准层选择示意

（5）基准点的确定

基准层、基准轴线确定后，随后确定的即是基准点，基准点在基准层寻找，但不一定在基准轴上，且数量不少于两个。

（6）放线

根据幕墙分格和土建单位给出的标高控制线（即是施工线）、进出口线及轴线位置，采用高精度的激光用水准仪、经纬仪、垂准仪进行水平线放线，配合用标准钢卷尺、重锤、水平尺等复合。然后在上、下两基准层间吊线（垂线），并将确定的幕墙分格中心位置弹到建筑主体结构上。

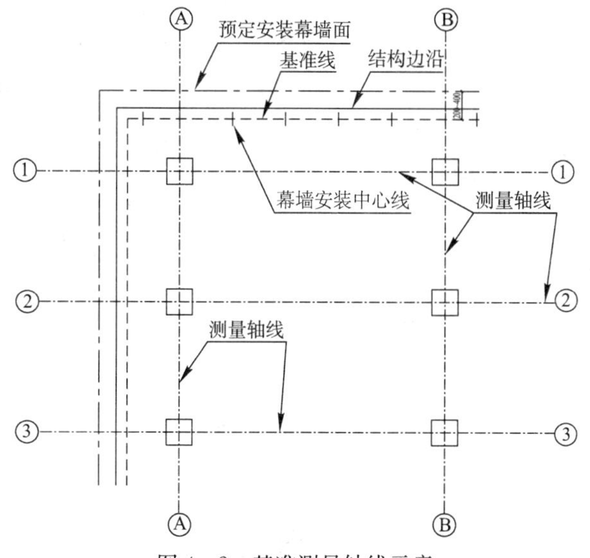

图 4－2　基准测量轴线示意

对高度大于 7m 的幕墙，还应反复 2 次测量核对，以确保幕墙的垂直精度，要求上下中心线偏差小于 1～2mm。

放线时要注意风力大于 4 级时不宜放线，同时高层、超高层建筑一般要采用仪器放线而不能采用铁线吊线的方法。一般的铁线放线采用法兰螺丝收紧（俗称紧仔）。放线要在风力不大于 4 级的情况下进行，对实际放线与设计图之间的误差应进行调整，分配和消化，不能使其积累，通常以适当调整缝隙的宽度和边框的定位来解决。如果发现尺寸误差较大，应及时反映，以便采取其他方法合理解决（图 4－3 和图 4－4）。

（7）测量

根据放线后的现场情况，对实际施工的土建结构进行测量，测量时注意：

①多把米尺同时测量时要考虑米尺的误差，即测量前要对尺。

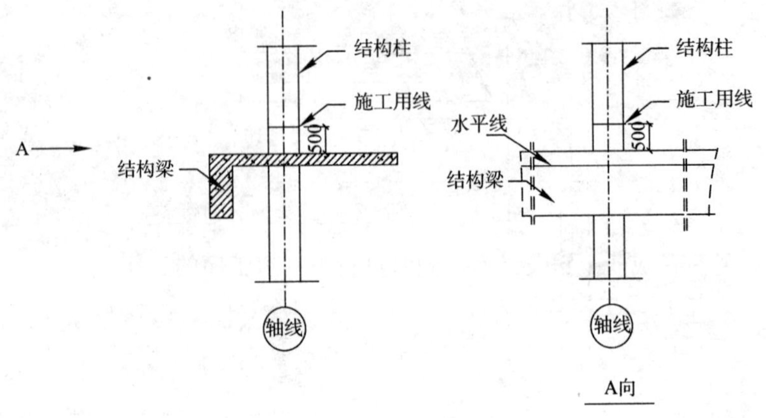

图 4-3　放水平线示意

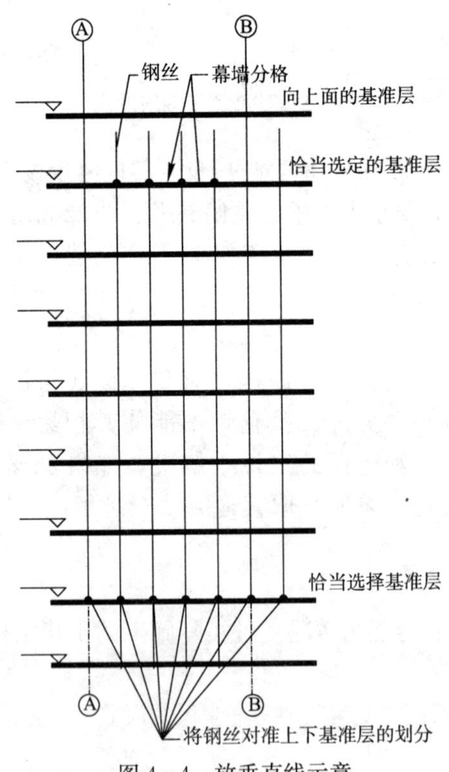

图 4-4　放垂直线示意

②测量点要统一。

③测量结果要随时记录，记录清单要清楚明了。

④数据记录整理分类：对测量的结果，要进行整理，对各种结果进行分类，同时对照建筑图进行误差寻找，得出误差结果。

⑤处理数据。对数据进行处理后，要对误差大和需调整的位置进行处理，提出切实可行的处理方案。同时，将资料（原始）整理成册上报设计室，同时进行下一道工序的工作。

4. 所需工器具及人员

器具：冲击钻、电焊机、水准仪、卷尺、紧仔、吊锤、铁线固定用角铁或钢筋头。

人员：每组 2～3 人。

5. 作业时间

在土建结构完成或局部结构完成时进行。

6. 管理要领

（1）理解设计意图及建筑结构设计图纸。

（2）分类分区要合理。

（3）找准关键层、基准层位轴线及关键点。

（4）各种仪器使用准确、熟练。

（5）原始记录要记录整理完备。

7. 质量评定、资料整理

（1）资料是否完整，是否准确。

（2）对所测量的位置是否进行土建与幕墙施工对照。

（3）资料是否装订成册。

（4）测量人员名单、负责人姓名、签字。

（5）资料上交存档。

第三节　测量成果图绘制

1. 说明

经过对建筑的测量，对土建结构的施工误差有了一个明显认识，为了形象直观地反映测量的结果，采取绘制图纸反映测量结果的方法，即成果图的绘制，它不仅能形象反映测量结果，同时还可以为设计人员提供方便，也能形象地向甲方及其他施工单位更有效地解释方案设计更改的缘由，也为施工安排提供更丰富的原始资料，并及早地为所要处理的问题做准备，故绘成果图是设计、施工的准备工作，特别是对施工有着很重要的意义。

2. 主要材料说明

在室内进行，需绘图仪器一套。

3. 工艺流程说明

查找建筑图→对照测量记录→根据记录及建筑图、幕墙设计图绘制草图→检查是否有遗漏→正式绘图→清理、整理→对问题的处理方案及说明→会审、会签。

4. 基本操作说明

（1）成果图的类别：立面（结构）图；剖面图（层高测定）；平面图（平面测定）；处理误差详图；处理说明。

（2）查找建筑结构图，对建筑结构图的外围设计重新认识，找到所绘制的相应位置，同时注意对图纸细节的审查。

（3）根据测量结果记录，对照图纸尺寸，对图纸与实际施工的情况进行比较，对超出规定误差范围的直接标出，并通过计算找出误差值，同时对误差值较大的位置进行反复核对，以防造成失误。

（4）绘制草图：根据以上资料及与建筑有关图纸，进行草图设计。草图设计应注意以下几个问题：所有资料必须真实可靠；所有尺寸必须准确；选用适当的图幅及比例。

（5）草图绘制完成后，要对草图进行审查，检查是否有遗漏；是否有不全面或与测量结果有误差的地方，同时对照尺寸进行复核，检查图纸是否有漏空未画的。

（6）检查复审完成后，进行成果图的正式绘制，正式绘制的成果图，要对土建的情况进行全面仔细的形象客观的反映。

(7) 对图纸进行整理编号，按照要求进行整理并准备送往有关部门。

(8) 对因土建误差造成与原设计有悖之处，在绘制成果图时要提出切实可行的处理方案，同时绘制详细的处理图，并附说明及处理理由和施工方法。

(9) 将绘制的图纸及有关处理文字说明整理成册上报总工室、设计部等有关部门，经会审后拟定设计变更。

5. 作业时间

在测量局部完成至测量完成后的一周至两周。

6. 管理要领

(1) 对测量结果要仔细审查。

(2) 图纸反映的情况要全面真实准确。

(3) 对图纸的审核要严肃认真。

(4) 对问题的处理要切实可行。

(5) 资料整理要全面、清楚；装订要整齐美观。

(6) 时间要及时，不能影响下一步工作。

(7) 归档。

第四节　连接件安装

1. 说明

连接件有很多种类，但一般情况下有两种：一种为单件式；一种为组合式。对每一工程来讲，可能同时两种连接件都采用。但不管是哪一种，其作用都是为了将幕墙与主体结构连接起来，故连接件的安装质量将直接影响幕墙的结构安装质量。

2. 主要材料说明

连接件：在安装前检查连接件是否符合要求，是否是合格品，电镀是否按标准进行，空洞是否符合产品标准。

电焊条：ϕ3.2mm、ϕ5.0mm电焊条要注意保存；注意防水防潮；还要注意安全用电。

3. 工艺流程说明

工艺流程：熟悉图纸及技术交底→熟悉施工现场→寻准预埋铁件对准竖梁线→拉水平线控制水平高度及进深位置→点焊→检查→加焊→防腐→记录。

4. 基本操作说明

（1）熟悉图纸

了解前段工序的变化更改及设计变更。

（2）熟悉施工现场

施工现场的熟悉包括两方面的内容：一是对已施工工序质量的验收；二是对照图纸要求对下步工作的安排。

（3）寻准预埋铁件

预埋铁件的作用就是将连接件固定，使幕墙结构和主体结构连接起来。故安装连接件时首先寻找已埋设的预埋件，只有寻准了预埋件才能很准确地安装连接件。

（4）对照竖梁垂线

竖梁中心线也是连接件的中心线，故在安装时要注意控制连接件的位置，其偏差小于2mm。

（5）拉水平线控制水平高低及进深尺寸

虽然预埋铁件时已控制水平高度，但由于施工误差影响，安装连接件时仍要拉水平线控制其水平及深度的位置，以保证连接件的安装准确无误，方法参照前几道工序操作要求。

（6）点焊

在连接件三维空间定位确定准确后要进行连接件的临时固定，即点焊。点焊时每个焊接面点2～3点，要保证连接件不会脱落。点焊时要两个人同时进行，一个人固定位置；另一个点焊，这样协调施工同时都要做好各种防护；点焊人员必须是有焊工技术操作证者，以保证点焊质量。

（7）验收检查

对初步固定的连接件按层次逐个检查施工质量，主要检查三维空间误差，一定要将误差控制在误差范围内。三维空间误差工地施工控制范围为：垂直误差小于 2mm、水平误差小于 2mm、进深误差小于 3mm。

（8）加焊正式固定

对验收合格的连接件进行固定，即正式烧焊。烧焊操作要按照焊接的规格及操作规定进行，一般情况下连接件的两边都必须满焊。

（9）验收

对烧焊好的连接件，现场管理人员要对其进行逐个检查验收，对不合格处进行返工改进，直至达到要求为止。

（10）防腐

预埋铁件在模板拆除、凿除墙面层后进行一次防腐处理，连接件在车间加工时亦进行过防腐处理（镀锌防腐），但由于焊接对防腐层的破坏故仍需进行防腐处理，具体处理方法如下：

①清理焊渣；

②刷防锈漆；

③刷保护面漆，有防火要求时要刷防火漆。

（11）做好记录

对每一道工序的检查、验收、返工、质量情况要进行详细记录。记录包括施工人员、时间、工作面位置、质量情况、返工、补救情况、验收人员、各项指标、验收结果等。众多问题，记录要详细明白，同时要所有当事人签字，再装订成册保存好。

5. 所需工器具及人员

器具：电焊机、水平管、水平尺、角尺或纱线。

人员：2～3 人。

6. 作业时间

在竖梁放线完成时或穿插于竖梁放线过程中。

7. 管理要领

（1）熟悉图纸，不放过每一个细节。

（2）对原材料半成品质量控制及存放现场管理。

（3）检查连接件安装位置是否准确，严格控制好各项质量，尤其是扭曲、翘曲等误差。

(4) 熟悉各项施工程序，了解特种工程的操作程序，严格控制施工按规范进行。

(5) 验收严格认真，记录详细真实。

8. 安全、防范

前几道工序施工时要注意以下问题：

(1) 千万小心不要将材料工具坠落下去，以免伤人伤物。

(2) 电焊时要求做好防火工作，对电焊火花必须采取防飞溅措施。

(3) 对发现的质量、安全问题，处理意见要明确，并做好记录。

9. 质量评定、资料整理

(1) 质量评定

①三维方向的误差控制；

②连接件本身的翘曲、扭曲质量控制；

③焊缝的长度及焊缝质量；

④铁件防腐处理；

⑤防火处理。

(2) 资料整理

①各项资料必须齐全完整。

②各工作步骤的验收记录分层分步骤做好，装订成册作为整体或工序验收的一部分。

③对半成品材料质量要有验收资料。

④施工人员、班组长、施工员、工程负责人、质检员等有关人员的签名齐全。

第五节　支撑结构定位放线

1. 说明

定位放线是在正式设计图纸已定，所有误差处理方案确定后进行的。支撑结构的定位放线是幕墙安装关键性的一步，其误差的大小直接影响后期各工序的质量。放线必须准确，同时竖梁放线要求考虑问题很全面，包括转角、接点处的尺寸处理，要考虑玻璃的规格、封口的方向、主梁的安装方向等问题，特别要提醒的是弧形玻璃幕墙或折线幕墙的定位放线的要求、技术要领与平面幕墙有明显的区别。

2. 主要材料说明

铁线、电焊条及其他固定支点用角铁、废钢筋、模板、经纬仪。

铁线：抗拉性能良好，要选择质量较好的铁线，一般采用水平线（20 号）、垂直线（14 号）。电焊条：$\phi3.2$mm；存放于干燥处，注意防潮。

模板：用于弧形玻璃幕墙及折线幕墙的竖梁放线，由至少不小于 5mm 厚夹板制成，不得有变形。

3. 工艺流程说明

（1）平面玻璃幕墙放线工艺流程

熟悉了解图纸要求，检查图纸是否有不清楚的地方，是否有不懂的问题→备好所有的工器具，做好准备工作→在施工现场找准所开线的位置→在基准层打水平线→寻找辅助层打水平线→找出防线定位点→将定位点加固→拉水平线→检查水平线的误差→调整误差→进行水平分割→复查水平分割的准确性→吊垂直线→检查垂直度→固定垂直线→检查所有放线的准确性→重点清查转角、变面位置的放线的情况。

（2）弧形、折线玻璃幕墙

熟悉图纸内容，找准半径，准备所有的工器具，做好准备工作→进行模板制造加工→连接模板并调整准确→分割，得出定位线，找准施工工作面→在基准层打水平线→寻找辅助层打水平线→模板就位→调整模板（弦长法）→固定模板→吊垂线→对位→复核准确性，检查垂直度→固定垂线→检查所有放线的准确性→用弧长法检查模板误差。

4. 基本操作说明

（1）平面玻璃幕墙

熟悉图纸的过程是对整个工程的了解，在施工前对施工面的图纸作全面了解，弄清整个位置的主导尺寸、收口位置尺寸、转角、收口的处理方式以及整个建筑设计的风格，并对整个施工组织设计有明确的认识，对施工进度的控制做到心中有数，同时根据实际情况编制切实可行的施工方法、方案。

①在正式施工前，要进行施工准备，准备的内容有：

a. 人员准备。人员准备包括：人员结构、技术水平、新旧人员的搭配等情况。

b. 工器具准备。在放线前对工器具的准备要检查是否缺什么，是否使用正常，仪器是否准确，误差是否在规定范围内。

c. 确定放线起始位置。了解施工现场周围环境，与施工图中的转角位置、轴线位置、变高变截面的位置一一对照，找准开始放线的部位，以保证放线时准确无误。

②选择好基准层，将基准层清理干净，防止杂物对开线的影响。在基准层找出基准点并固定加固好此点，并对此点用水准仪抄平，以便按需要找水平线。

根据幕墙施工需要，单纯在基准层打水平还不足以确定支撑结构的定位，为了保证支撑机构安装的误差在规定范围，在放线时还需要寻找一个辅助层打水平，以保证两点形成一根定位线，辅助层还可以是一个或几个，视实际情况而定，一般情况下随楼层的层高面定，层数越多辅助层就越多，反之亦然。

③确定了基准层、辅助层，在基准层上寻找幕墙支撑结构放线的定位点。定位点一般在变面接口处、转角处，在平面幕墙较长时可以在平面中间，但此时必须调整位置，保证线、面空间的统一。基准点不少于两个，随着各立面变化的复杂程度和整个施工方案和设计形式而决定基准点的多少。

找出所有的定位点，对定位点调整固定。对定位点的调整固定点要求：

a. 定位点误差必须足够小。

b. 所有固定点材料应无明显塑性变化。

c. 固定必须牢固、稳定。

④复核水平度。从定位点拉水平线，水平线用 20 号铁线拉直，用法兰螺栓拉紧，铁线一定要拉紧，有时可采用多个法兰紧仔拉紧的办法。在拉水平线之前要求对水平度进行复核，误差一定要小于 1mm。在水平线拉好后，为防止出现误差，要求对拉好的水平线进行复核，复核时一定要将铁线调至水平状态，必要时可在中间加辅助支点，以免铁线下挠。

⑤进行水平分割：水平线拉好调整好后，进行水平分割，进行水平分割前必须做好以下准备工作：

a. 查看图纸分格；

b. 明了分格线与定位轴线的关系；

c. 找出定位轴线的准确位置；

d. 准备工具，同时对卷尺等测量仪器进行调校；

e. 确定分割起点的定位轴线。整个准备工作做好后着手水平分割，一般三人同时进行，一人主尺；一人复尺；一人定位。每次分割后都要进行复检。

对水平分割的准确性的检查，在每次水平分割线分割完毕后都要进行复查，方法有两种：

a. 按原来的分割方法进行复尺，并按总长、分长复核闭合差。

b. 按相反方向复尺，并按总长、分长复核闭合差。

以上复查如出现分割误差大于 2mm，则需要重新进行分割。

⑥ 水平分割确定后，我们就需要根据水平分割吊垂直线，吊垂直线时应注意：

a. 固定好吊装支座；

b. 每根线都在分割点上；

c. 分割点必须准确无误；

d. 吊装时必须先察看是否有排栅或其他东西挡住；

e. 所吊垂线代表一根竖梁的安装位置，这就要求我们对水平分割与所吊垂线必须完全吻合，在风力>4级时不宜吊垂线；

f. 吊线时，吊锤的重量根据情况可用重砝码的办法来减少风力对其的影响；

g. 高层、超高层要采用经纬仪配合吊线。吊垂线是一根一根的吊，同时用经纬仪进行辅助工作，如无外排栅的工程，其垂直放线尽量使用经纬仪控制。

检查垂直度有：经纬仪检查法、水平辅助层定位点重合复检法；自由复检法。

经纬仪检查是用经纬仪作为垂直验证，从所吊垂线中选择几个垂线用经纬仪进行复检，检查出误差要记录并寻找原因进行调整，这是一种最准确的办法；

水平辅助层法，通过查看辅助层分割点与定位层分割点是否重合来检查垂直吊线的准确性；

自由复检法，任意选择一层作为检查层或选择一边区域进行复检，具体参照前面得出误差后进行分析、记录、处理。这是由于有时赶工，时间紧的情况下的应急办法，一般情况下不采用。

固定垂直线，为了防止外力受外界的影响，在调整好的垂直线要进行固定；固定时固定稳、准，同时避免外界冲力对其的影响，同时，要注意对所放线的保护，有条件的对固定完毕的垂直线用经纬仪重新校正。

以上述操作为止，放线部分的工作基本完成，随后将进入安装阶段，为保证安装阶段准确无误，对所放的线要进行全面验收复查；对不同区域进行互查，以保证不出错；保证其准确性是检查的重点，特别是转角位置的放线情况，由于转角位置玻璃分格与竖梁分格不在同一位置，故放线时要注意换算同时要反复查对以防搞错。

（2）弧形、折形玻璃幕墙

①熟悉图纸基本内容（与平面相同），不同的是对圆弧形玻璃幕墙的半径要搞清楚，不同位置不同半径，同时要搞清圆

弧的类型是内弧还是外弧，而且还要考虑支撑结构半径与玻璃半径。

②准备所需的工器具（与平面基本相同）。进行模板加工：用模板放线是为了保证弧形玻璃安装准确，保证其曲率效果而采取的一种精确放线方法，故模板加工的准确是保证该种放线方法准确的前提，模板加工的具体方法是：

a. 根据图纸及工地测量情况确定弧形玻璃或折线玻璃幕墙半径为（R）。

b. 取支撑结构安装半径为（$R-a$）（a 为支撑结构到玻璃面距离）。

c. 取大于 5mm 厚夹板放于平地。

d. 沿夹板长边方向找出夹板中心线并固定好夹板。

e. 延长中心线至满足所确定半径要求。

f. 在中心线上确定圆心，满足半径要求及节约材料。

g. 画圆，确定圆心后按原定半径在夹板上画圆，然后在中心线上按（$R-a$）$+100$ 再画，两圆所夹圆环为所制作的圆模（必要时按弧加长）。

h. 将夹板剪成 100mm 宽圆弧形板，将板内修饰平滑（以上是在工地进行）。

i. 拼板，由于受夹板长度规格的控制所制作的模板是一块一块的短料，短料不能满足工地要求，所以要将加工成的一块块短料拼接成工地实际需要的长度，拼料的方法是：

（a）将所加工成的一块块横板按照图示方法顺次拼接。第一块与第二块拼接用第三块作为控制板以调整圆弧准确性。或者在地上画一道需要的圆弧按此圆弧拼接，但受场地局限较大。

（b）连接，连接时用一块弧形衬板，衬住交接处然后将一块一块板进行临时固定。临时固定时可用自收紧螺栓或铁线、铁钉等固定。

（c）检查准确性，初步固定模板。检查模板准确性：

圆弧法，将模板放在设计半径画好的圆上对照检查其误差；

弦长法，通过计算将数个点间的弦长计算出来再对实际模板进行调整。

（d）模板加工几个注意点：

ⓐ模板加工位置，小块在车间或工地加工，加工时要注意不能有毛边，所有内边要光滑、流畅。拼接在工地进行，要求在工作面的关键层附近的工作面位置进行拼接。

ⓑ拼接时连接点要牢固准确，杜绝连接点活动现象。

ⓒ模板加工时尽量安排要无影响操作的位置进行，以避免因交叉作业影响，造成对已加工模板的损坏。

ⓓ模板加工要注意避免潮湿使得模板变形。

③分割确定定位轴线：

模板加工调整准确完成后，要根据图纸分割，分割采用弦长法分割，要注意的是一般情况下图纸中所标尺寸，并非支撑结构尺寸，在此考虑两个问题：第一，我们说分割的尺寸是支撑结构的定位线，其半径与圆弧的半径亦相差 a，计算弧长时不能按玻璃半径计算，而要按竖梁定位的实际半径处理，然后再计算弦长，根据弦长进行尺寸分割；第二，分割时采用正反双向分割的方法，对分割出的正反误差，都要找出原因进行调整，在分割完成后，随后要确定定位轴线在模板上的位置，具体做法参照支撑结构尺寸的方法。

对照施工工作面，在基准层打水平线，同时安装模板支架。在基准层打一水平线，短距离的可以用水平管打水平，一般情况要求用水准仪抄平，抄平采用固定竿抄平，然后通过固定竿再定水平面，同时安装一个模板支架，以便安放模板。

寻找辅助层抄平安装模板支架。根据各工程的实际情况，在安装模板前要根据楼层的高低与圆弧面的变化情况确定几个辅助层，至少有一个辅助层，辅助层确定后进行模板支架的安装。

模板位置及调整。在基准层进行模板支架安装好后，将连接好的模板预置到模板支架，要注意在预置过程中要小心，要多安排几个人以防止模板折断，同时放置时要顾虑到柱的影响，要求从一端将模板推进，然后顺圆弧慢慢将模板预置到位。模板预置到位后先进行临时固定，再进行调整，调整仍采用弦长法调整至误差最小。

固定模板，吊垂线对位，将经过调整的模板进行固定，模板固定时要用铁线将其与支架紧紧固定在一起，同时要注意，千万不能移动模板或损坏模板，模板固定后要进行吊垂线，吊垂线前先做好如下准备工作：

a. 准备吊垂线等工具；

b. 清理工作面；

c. 目测工作现场；

d. 处理有关杂物、阻碍物等；

e. 人员到位；

f. 判断风向，估计风力；

g. 试吊（测定铁线上的承载力）。

准备工作做完后进行吊垂线工作，吊线时先吊定位轴线的线，然后再吊各分割点的竖梁定位线，以后工序与平面幕墙相同。

复检准确性，检查垂直度，全面复查。所有线放好后要对所有的工作进行一次复检，复检过程应尽可能利用水准仪的精确度，弄清仪器的使用方法和步骤，熟练使用各种检测仪器。

5. 所需工器具及人员

工器具：水平管、水准仪、经纬仪、紧仔、吊锤、电焊机。

人员：3～4人，但要求人员技术较全面，对幕墙有较深了解，至少有一人对幕墙有全面的掌握，特别是对整个施工程序和施工方法、方案要全面掌握了解。

6. 管理要领

（1）熟悉图纸，弄清、弄懂设计意图。

（2）熟练各种操作的过程、顺序。

（3）对全过程进行质量控制。

（4）对弧形、折线幕墙模板加工一定要准确。

(5) 转角位置的开线一定要准确无误。

(6) 误差控制在放线阶段<0.5mm。

(7) 全面控制与设计差值，如可调节尺寸有大的出入应与设计师联系。

(8) 做好详细的放线记录。

7. 安全及防范

(1) 严格遵照公司有关安全及建筑施工有关安全防范措施。

(2) 做好安全用电、防火工作。

8. 质量评定、资料整理

(1) 对每道工序的施工过程，做好详细的记录。

(2) 对开线后的数据做好详细的记录，绝不能漏掉任何一个数据。

(3) 与设计误差较大时，要说明原因及报告给上级部门及设计部门，有必要时要将放线后的资料以公司名义报告给业主(甲方)。

(4) 资料必须整理完整，同时装订成册记录在案。

第六节　单元式幕墙组装与吊装

1. 单元组件框制作

单元组件框制作是指将左右竖框、上下横框及设计上规定的中横框、中竖框等用紧固件连接成一个整体框架。采用最多的连接方法是在横（竖）框型材上挤压出螺孔槽，用自攻螺钉入螺丝槽，将两框紧固，待全部紧固后形成框格，要求紧固牢固。单元组件框允许偏差见表 4-1。

单元组件框加工制作允许尺寸偏差　　表 4-1

序号	项目		允许偏差	检查方法
1	框长（宽）度 (mm)	≤2000	±1.5	钢尺或板尺
		>2000	±2.02	

续表

序号	项目		允许偏差	检查方法
2	分格长（宽）度（mm）	≤2000	±1.5	钢尺或板尺
		>2000	±2.0	
3	对角线长度差（mm）	≤2000	≤2.5	钢尺或板尺
		>2000	≤3.5	
4	接缝高低差（mm）		≤0.5	游标深度尺
5	接缝间隙（mm）		≤0.5	塞片
6	框面划伤（mm）		≤3 处且总长≤100	
7	框料擦伤（mm^2）		≤3 处且总面积≤200	

《玻璃幕墙工程技术规范》（JGJ102—2003）规定：单元组件框制作当采用自攻螺钉连接时，型材孔壁厚度不应小于螺钉的公称直径，每处螺钉不应少于 3 个，螺钉直径不应小于 4mm，螺钉槽内径的最大直径和拧入性能应符合表 4－2 的要求。

螺钉最大、最小直径及拧入性能　　表 4－2

螺钉公称直径	孔径（mm）		扭矩（N·m）
	最小	最大	
4.2	3.430	3.480	4.4
4.6	4.015	4.065	6.3
5.5	4.375	4.785	10.0
6.3	5.475	5.525	13.6

2. 单元组件制作

（1）金属板加工

金属板含单层铝板、复合铝板、蜂窝铝板、彩色钢板、单体搪瓷板、复合搪瓷板等。单层板包括冲压成型、加强肋的制安、安装件的安装（如采用外扣式时，扣钩加工）。复合板包括铣槽、折弯成型、折边加固等。金属板加工的技术要求，

JG3035 第 4.3.4.2 条作了规定，允许偏差见表 4-3。

金属板加工允许偏差　　表 4-3

项目		允许偏差
边长（mm）	≤2000	±2.0
	＞2000	±2.5
对边尺寸（mm）	≤2000	≤2.5
	＞2000	≤3.0
对角线长度（mm）	≤2000	2.5
	＞2000	3.0
折弯高度（mm）		≤1.0
平面度（mm）		≤2/1000
孔的中心距（mm）		±1.5

（2）玻璃加工

浮法玻璃及热反射玻璃裁划可在幕墙厂自行按设计样板裁划。钢化玻璃、夹层玻璃、中空玻璃，由幕墙提供样板尺寸，由玻璃厂加工。所有玻璃在裁划后均应进行倒棱、倒角（磨边）处理。玻璃裁划允许偏差见表 4-4。

玻璃裁划允许偏差　　表 4-4

序号	项目	尺寸范围	允许偏差
1	长度尺寸（mm）	≤2000	±0.5
		＞2000	±1
2	对角线长度差（mm）	≤2000	1
		＞2000	1.5

磨边后倒角不应有缺陷（即满磨），磨边漏磨每处面积小于 $25mm^2$ 的每块玻璃允许有 4 处。

（3）花岗石加工

花岗石加工系指将磨光的花岗石板材进行安装部位槽、孔等加工，加工时要对石板材进行保护，防止产生缺棱、缺角，加工允许偏差见表4－5。

花岗石加工允许偏差（mm） **表4－5**

<table>
<tr><th>序号</th><th colspan="2">项　目</th><th>尺寸范围</th><th>允许偏差</th></tr>
<tr><td rowspan="2">1</td><td colspan="2" rowspan="2">长宽尺寸</td><td>≤1000</td><td>±0.5</td></tr>
<tr><td>>1000</td><td>±1.0</td></tr>
<tr><td rowspan="2">2</td><td colspan="2" rowspan="2">对角线长度差</td><td>≤1000</td><td>1</td></tr>
<tr><td>>1000</td><td>±1.5</td></tr>
<tr><td>3</td><td colspan="2">孔位</td><td></td><td>±1.0</td></tr>
<tr><td>4</td><td colspan="2">孔径</td><td></td><td>±0.2</td></tr>
<tr><td rowspan="6">5</td><td rowspan="6">槽</td><td rowspan="2">中心线</td><td>≤1000</td><td>±0.5</td></tr>
<tr><td>>1000</td><td>±1</td></tr>
<tr><td rowspan="2">宽</td><td>≤10</td><td>±0.5</td></tr>
<tr><td>>10</td><td>±1</td></tr>
<tr><td rowspan="2">深</td><td>≤10</td><td>±0.5</td></tr>
<tr><td>>10</td><td>±1.0</td></tr>
</table>

（4）单元件组装

单元组件组装是将各种装配组件和镶板装配在单元组件框架上的全部工序。组装通常采用两种工艺：

①立式：先将单元组件框架固定在专用立式组装架上，再将装配组件、镶板按规定顺序一一组装，最后作组件与组件间（镶板与镶板间、组件与镶板间）接缝处理。处理方法可以使用干法（胶条），也可用湿法（耐候胶填缝）。

②卧式：将单元组件平放在固定平台或流水生产线上，再进行组装。

两种组装工艺方法各有优缺点：立式直观，能找到将来在主体结构上安装的技术要素，但操作难度大。卧式操作方便，但与将来在主体结构上安装情况各异，不易发现缺陷。至于用哪种组装工艺视具体情况而定。

单元组件组装可依据幕墙类型，采用相应的固定方法，不再赘述。

单元件组装允许偏差见表 4-6。

单元件组装允许偏差 **表 4-6**

序号	项目		允许偏差（mm）	检查方法
1	组件长度、宽度（mm）	≤2000	±1.5	钢尺
		＞2000	±2.0	
2	组件对角线长度差（mm）	≤2000	≤2.5	钢尺
		＞2000	≤3.5	
3	胶缝宽度（mm）		+1.0 0	卡尺或钢板尺
4	胶缝厚度（mm）		+0.5 0	卡尺或钢板尺
5	各搭接量（mm）		+1.0 0	钢板尺
6	组件平面度（mm）		≤1.5	1m 靠尺
7	组件内镶板间接缝宽度（与设计值比）（mm）		±1.0	塞尺
8	连接构件竖向中轴线距组件水平对插中线（mm）		±1.0	钢尺
9	连接构件水平轴线距组建竖向对插中心线（mm）		（可上、下调节时±2.0）	钢尺
10	连接构件竖向轴线距组件竖向对插中心线（mm）		±1.0	钢尺
11	两连接构件中心线水平距离（mm）		±1.0	钢尺
12	两连接构件上、下端水平距离差（mm）		±0.5	钢尺
13	两连接构件上、下端对角线差（mm）		±1.0	钢尺

3. 连接件安装

单元式幕墙的连接件是指与单元幕墙组件相配合，安装在主体结构上的连接件，它与单元组件上的连接构件对插（接）后，按定位位置将单元组件固定在主体结构上，由于它们是一组对插（接）构件，有严格的公差配合，要同时单元组件上的连接构件与安装在主体结构上的连接件的对插（接）和单元组件对插同步进行，即使所有构件均达到允许偏差要求，但还是有偏差存在（有时累计偏差也不小），就要求连接件要具有 X、Y 向位移调和绕 X、Z 轴转角微调功能。单元式幕墙外表面平整度是完全靠此连接件位置的准确和单元组件构造（厚度）来保证的，在安装过程中无法调整，因此连接杆件要一次（或一个安装单元）全部调整到位，达到允许偏差范围。

单元幕墙竖料插接和上下横料对插组合见图 4－5～图 4－7，连接件安装允许偏差见表 4－7。

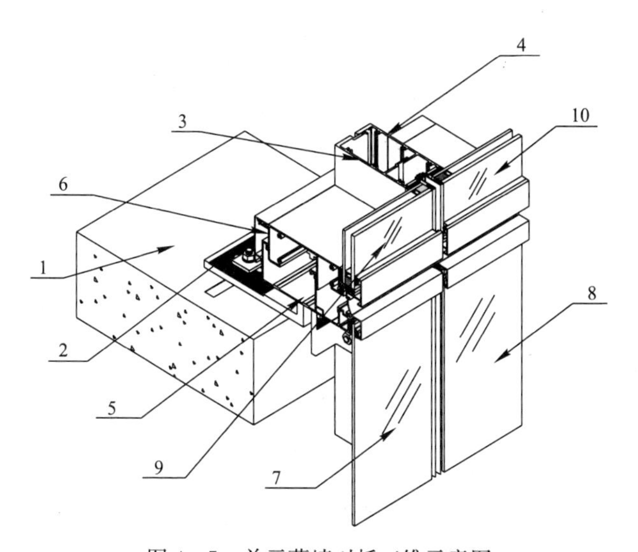

图 4－5　单元幕墙对插三维示意图

1—建筑结构梁；2—连接件；3—单元左侧竖料（公企料）；4—单元右侧竖料（母企料）；5—单元上横料；6—单元下横料；7—左下单元玻璃；8—右下单元玻璃；9—左上单元玻璃；10—右上单元玻璃

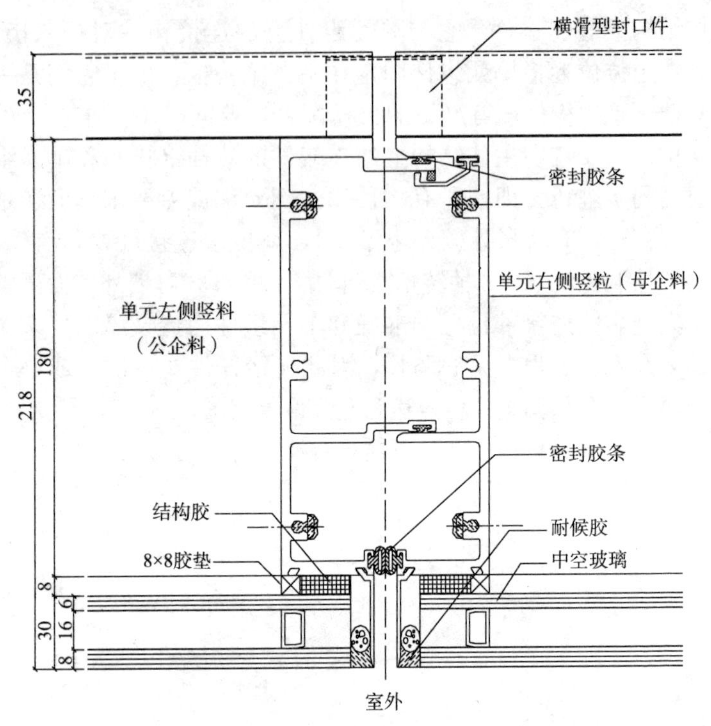

图 4－6　单元幕墙竖料左右插接组合图

连接件安装允许偏差　　表 4－7

序号	项　目	允许偏差（mm）	检查方法
1	标高	±1.0（可上下调节时±2.0）	水准仪
2	连接件两端点平行度	≤1.0	钢尺
3	距安装轴线水平距离	≤1.0	钢尺
4	垂直偏差（上、下两端点与垂线偏差）	±1.0	钢尺
5	两连接件连接点中心水平距离	±1.0	钢尺
6	两连接件上、下端对角线差	±1.0	钢尺
7	相邻三连接件（上下、左右）偏差	±1.0	钢尺

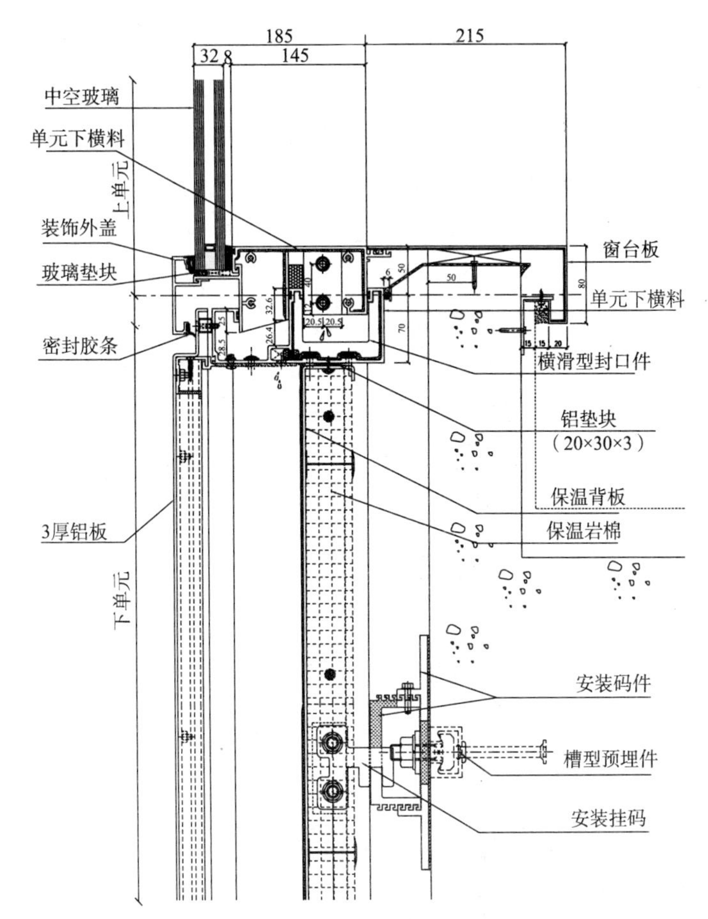

图 4-7　单元幕墙上下横料对插组合图

4. 单元组件安装

单元组件安装可在土建封顶后进行，也可在土建完成一定进度后（一般完成 20 层左右）与土建同步进行。

（1）单元组件安装一般要按下列工序进行准备

①对土建工程进行验收，并复测。根据复测结果最后确定幕墙重新分格尺寸，在楼板上画定位线。

②在检查处理好预埋件基础上，将全部（封顶后安装的指

全部楼层，同步进行的按每一次安装总楼层）转接件一次全部按定位线安装定位。转接件平面位置决定了单元幕墙的平面位置，转接件是单元组件安装的平面基准，一定要严格按要求定位，务必达到与设计位置的偏差小于±1.0mm（图 4－8）。

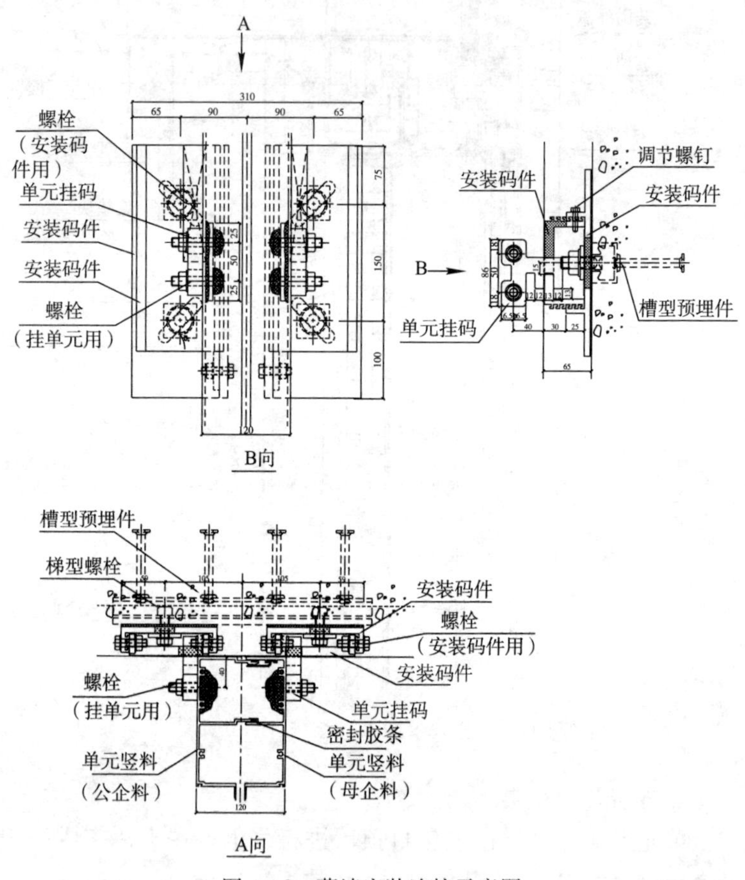

图 4－8　幕墙安装连接示意图

③专用吊具的架设。专用吊具大约每 15 层左右设置环形吊轨，比较经济。即每 15 层左右移动一次，环形吊轨可以利用已安装的连接件架设。但单元组件宽度较大（>2000mm）时，环

形吊轨还要与上一层连接件拉接。

④设置上料平台。上料平台是为吊运单元组件组合架并运到楼层设置的。每3～5层设一次，在设置平台楼层以下各楼层全部组件吊好后，拆卸到新的设置位置。

⑤单元组件摆放。用塔吊将单元组件吊到放在上料平台的平板车上，推到预埋位置摆放。摆放要按照先吊在外，后吊在里的原则摆放，否则倒运费时刻用简易龙门吊进行装卸作业。

（2）吊装就位

①在环形吊轨上设电动葫芦进行吊运。电动葫芦在空载时由人工移位就位，先将单元组件用平板车运到安装位置楼层边，用电动葫芦起吊，再下落在下一单元组件对插槽中，测水平定位，用拉紧器使插入竖框的对插件就位定位紧固。特别要注意电动葫芦的电控设备，以保证吊装安全。

②防火层施工，在组件就位固定后可逐层进行防火层施工。

③保护。在施工过程中及就位固定后都要采取保护措施，保证幕墙移交前完好。

（3）单元式幕墙安装允许偏差（表4－8）

单元式幕墙安装允许偏差　　表4－8

<table>
<tr><th>序号</th><th colspan="2">项　　目</th><th>允许偏差（mm）</th><th>检查方法</th></tr>
<tr><td rowspan="5">1</td><td rowspan="5">竖缝及墙面垂直度</td><td>幕墙高度H（m）</td><td rowspan="2">≤10</td><td rowspan="5">激光经纬仪或经纬仪</td></tr>
<tr><td>$H \leqslant 30$</td></tr>
<tr><td>$30 < H \leqslant 60$</td><td>≤15</td></tr>
<tr><td>$60 < H \leqslant 90$</td><td>≤20</td></tr>
<tr><td>>90</td><td>≤25</td></tr>
<tr><td>2</td><td colspan="2">幕墙平面度</td><td>≤2.5</td><td>2m靠尺、钢板尺</td></tr>
<tr><td>3</td><td colspan="2">竖缝直线度</td><td>≤2.5</td><td>2m靠尺、钢板尺</td></tr>
<tr><td>4</td><td colspan="2">横缝直线度</td><td>≤2.5</td><td>2m靠尺、钢板尺</td></tr>
<tr><td>5</td><td colspan="2">缝宽度（与设计值比）</td><td>±2</td><td>卡尺</td></tr>
</table>

续表

序号	项目		允许偏差（mm）	检查方法
6	耐候胶缝直线度	$h\leqslant 30\text{m}$	≤1	钢尺
		$30\text{m}<h\leqslant 60\text{m}$	≤3	
		$60\text{m}<h\leqslant 90\text{m}$	≤6	
		$h>90\text{m}$	>10	
7	两相邻面板之间接缝高低差		≤1.0	深度尺
8	同层单元组件标高	单元组件对角线长≤3000	≤3.0	激光经纬仪或经纬仪
		单元组件对角线长>3000	≤5.0	
9	相邻两组件面板表面高低差		≤1.0	深度尺
10	两组件对插件接缝搭接长度（与设计值比）		±1.0	卡尺
11	两组件对插件距槽底距离（与设计值比）		±1.0	卡尺

复习题

1. 单元幕墙安装施工共有几大步骤？按顺序排列。
2. 安装施工前期准备有哪些内容？
3. 测量结果的汇总反馈及测量结果图如何绘制及反馈程序？
4. 建筑轮廓测量的要点有哪些？
5. 定位放线的程序及要点有哪些？
6. 安装连接件的步骤及精度要求有哪些？
7. 单元板块安装的程序安排：

（1）运输、保存、注意事项有哪些？

（2）吊装注意的重点有哪些？

（3）安装后续工作内容有哪些？

（4）技术要求有哪些？

第五章　单元式玻璃幕墙吊装施工方案（实例）

单元板块的吊装，是单元幕墙安装中工作量最大的一部分，同时也是与框架式幕墙安装方式区别最显著的地方。该阶段的难点是在板块的运输、板块的起吊和插接、板块的调整三个工步上，下面以工程实例详细阐述这三个工步。

本工程位于××市××区××地块，该地块占地面积为9629m^2，其建筑面积约为110088m^2，其中地下18419m^2，地上91605m^2。本项目为一幢超高层的高级办公楼，共46层，建筑总高度239m，1～4层为裙楼，建筑物大楼四周为玻璃幕墙。

第一节　单元板块的运输

单元板块的运输包括公路运输、垂直运输、板块在存放层内平面运输三个方面。

1. 单元板块公路运输

本工程单元式幕墙板块主要分为两种：一种为1800mm×4250mm，另一种为3600mm×4250mm，单元板块的尺寸不同运输方式也不相同，板块的两种运输方式如下：

（1）1800mm×4250mm单元板块的运输：由于该板块的宽度可以满足在普通车内平放，因此，我们采用可以叠放的转运架进行摆放，可以在有限的空间运输最多的单元板块，这样，采用长箱货车可以一次运12个板块，并可根据情况合理配送。转运架及运输车形式如图5-1和图5-2所示。

（2）3600mm×4250mm单元板块的运输：由于该板块的宽度不能满足在普通的车内平放的要求（板块的宽度大于运输车

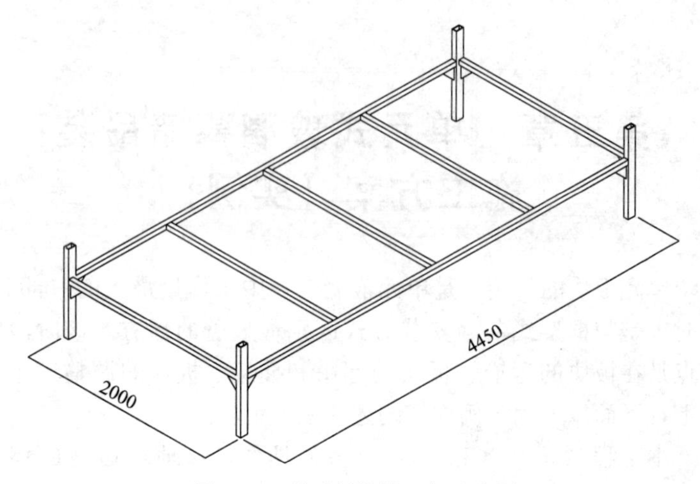

图 5-1　单元板块转运架示意图

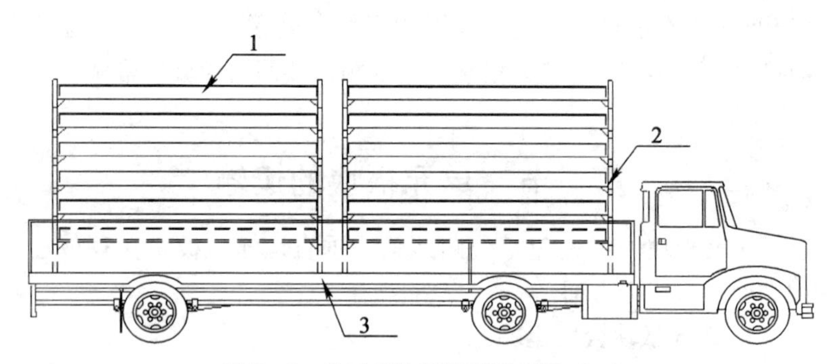

图 5-2　单元板块运输车示意图（一）

1—单元板块；2—转运架；3—运输车

的宽度)，因此，我们采用专门设计的单元板块转运架并用车厢低的平板货车进行运输，转运形式为 A 字形，单元板块顺着 A 字形转运架的斜坡竖向放置，并在侧面和底部接触的位置作可靠的弹性接触设置，保证在运输过程中不损坏。A 字架的大小根据车型设计，一般可以运输 4 个单元板块，可根据情况合理配送。A 字形运输方式如图 5-3 所示。

2. 单元板块垂直运输

单元板块的垂直运输过程是指实现板块由地面运至板块存

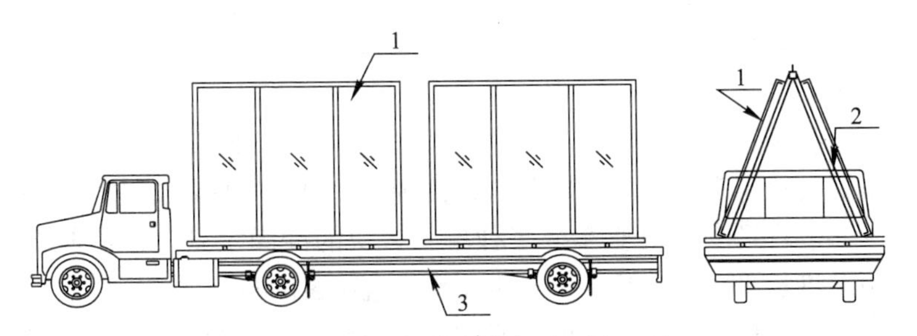

图 5-3　单元板块运输车示意图（二）

1—单元板块；2—A 字转运架；3—运输车

放层的过程。

（1）单元板块存放层的选择。根据大楼的实际情况，确定 46 层以下每隔两层为一单元板块存放层，46 层以上每隔一层为一单元板块存放层。

（2）本工程的单元板块的垂直运输准备借助总包公司的塔吊来完成，如果塔吊吊运繁忙，主楼 6 层以下单元板块可采用汽车吊来实现。利用此方式进行垂直运输，需用专用的吊具，吊具形式如图 5-4 所示。

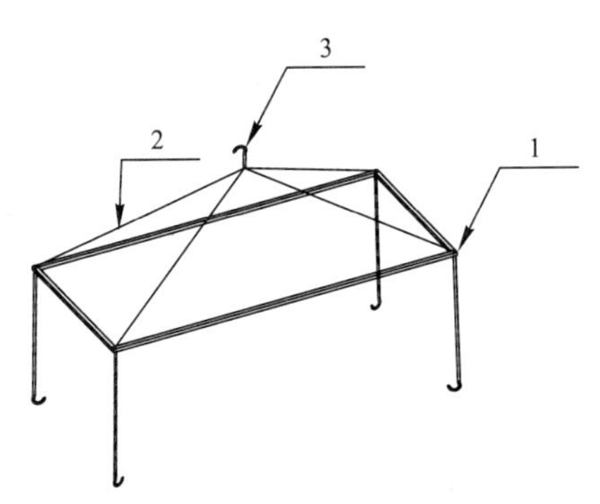

图 5-4　垂直运输吊具示意图

1—吊架；2—钢丝绳；3—吊钩

（3）为便于单元板块由进货平台到楼内存放地的运输，在底层转运架上设有橡皮轮。

（4）单元板块的垂直运输是影响单元板块吊装速度的重要因素，在生产组织过程中应注意以下事项：

①现场材料员应与主管计划员沟通好每日的发车计划，落实好每辆卡车到现场的时间，以便现场及时安排塔吊卸货。

②现场安全员应掌握每种单元板块的准确重量，并依据塔吊及进货平台的载货能力确定每次垂直吊装的板块数。

③在单元板块吊装的高峰期，每天到货车次可能达到 10 次以上，而塔吊不单为幕墙公司服务，所以，项目经理应尽早考虑并协调夜间进行垂直运输作业，裙楼部分可用汽车吊进行垂直运输作业，且现场安装临时卸料平台。

④存放层应架设进料钢平台，进料钢平台安装位置在板块存放层的层间楼梯上，安装形式如图 5－5 所示。

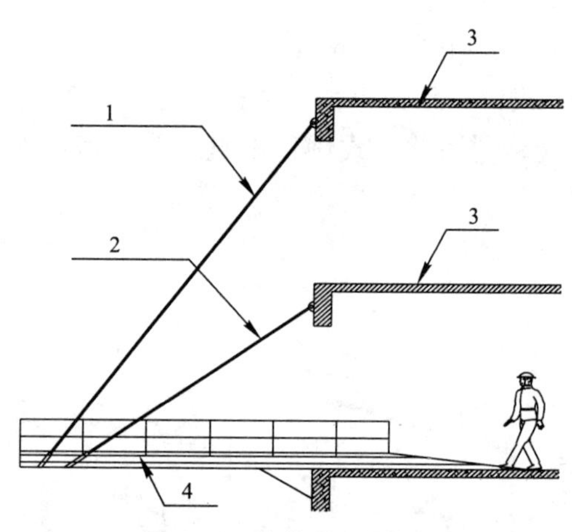

图 5－5　安装形式示意图

1—受力钢丝绳（6×19Sϕ21.5mm）；2—保险钢丝绳（6×19Sϕ21.5mm）；3—建筑结构楼层；4—进料钢平台

注意事项：1. 钢平台外边应比支座高 250mm；2. 钢平台堆载量不超过 2.5T；3. 焊缝深度不超过 6mm，清焊渣；4. 平台尺寸 2500mm×4500mm。

3. 单元板块在楼层内的运输

（1）单元板块在楼层内的运输包括以下作业：

单元板块由进货平台运至指定存放地点，并确保有序、分区摆放。单元板块由叠加状态分解成单个板块，将单个单元板块运至吊装位置。

(2) 单元板块楼层内运输所使用机具为门形吊机，形式如图 5－6 所示。此吊机在设计时应考虑楼内高度空间及单元板块转运架的宽度。

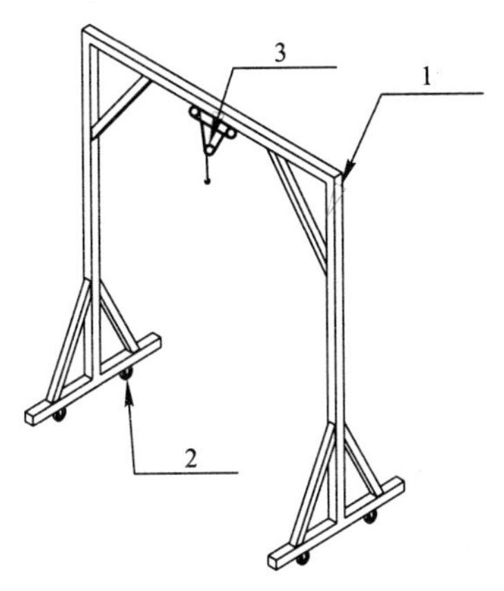

图 5－6　门形吊机示意图

1—门形吊机；2—滑轮；3—吊钩

(3) 存放层的平面布置规划，实现板块的合理、有序堆放，否则将大大降低板块的吊装速度。为做好此项管理，应注意以下几个方面：

①单元板块必须按安装顺序进场，否则会占用存放层内有限空间。

②单元板块存放位置必须对应安装位置严格执行分区摆放的原则。

③在任何时候，应确保行人和板块运输通道的畅通。

④不同种类的板块原则上不允许叠放。

(4) 单元转运架应集中堆放在指定区域并尽早返回工厂。

第二节　单元板块的吊装

1. 第一种吊装方法（适用于主楼46层以下各层单元玻璃幕墙的“单轨吊机”施工）

由于主楼单元玻璃幕墙施工作业面积很大，并且此部分幕墙所在土建外立面平直的结构特点，我们采用先将单元板块利用总包的塔吊吊装到板块的存放层，然后通过固定在主楼楼板上的自制“单轨吊机”进行吊装，其中“单轨吊机”安装位置分别为主楼的10、18、28、34、42F和PH1的主梁上。

（1）单轨吊机搭设形式

单轨吊机搭设形式如图5-7所示。单元板块的吊装过程，见单元板块的吊装图解图5-10所示。

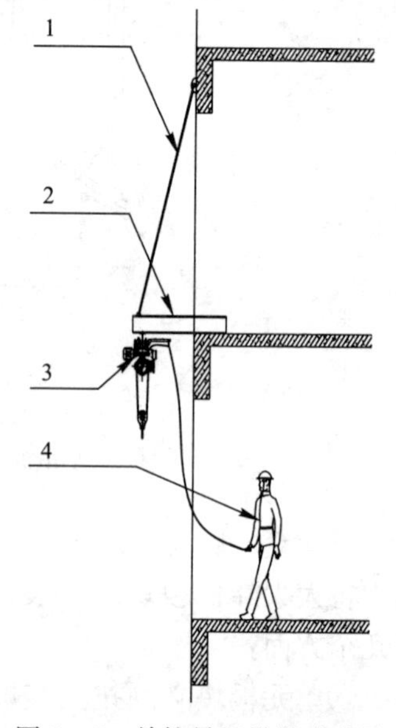

图5-7　单轨吊机搭设形式图

1—受力钢丝绳(6×9Sϕ21.5mm)；
2—单轨吊机组件；
3—NHHM环链电动葫芦；
4—电动葫芦操手

（2）板块吊装前的准备

①检查准备吊装板块的完好性，核对板块编号。

②按导轨布置图安装单吊导轨。

③将NHHM环链电动葫芦固定在单吊导轨上。

④安装单元板块吊装夹具并确认可靠性。

⑤确认对讲机通话的可靠性。

⑥ 确认所有参与吊装人员已到指定位置。

（3）将单元板块吊出板块存放层

①此过程需单轨吊机司机、板块存入层的吊装指挥人员及其他人员协调作业完成。

②吊装时单轨吊机在指挥人员的指示下缓缓提升板块，同时存放层内人员借助起抛器将板块向楼外移动。

③当板块接近垂直状态时板块存放层上一层人员应确保板块不与楼板发生碰撞。

④由于本工程施工区域狭小，因此，此部分的单元板块存放层采用每隔两个楼层设一个存放层。

（4）单元板块的下行过程

①单元板块的下行过程应由板块吊装层和上一层人员共同完成。

②单元板块在下行过程中应确保在所有经过层都有人员传接板块，防止板块在风力作用下与楼体发生碰撞。

（5）单元板块的插接就位

①单元板块的插接就位应由单元板块吊装层和上一层人员共同完成。

②单元板下行至单元体挂点与转接件高度相距 200mm 时，命令板块停止下行，并进行单元板块的左右方向插接。

③在左右方向插接完成后，在控制左右接缝尺寸的情况下命令板块继续下行，此时由板块上一层人员负责单元体挂件与转接件的对接，板块安装人员负责上下两单元板块的插接。

④确认单元板块的挂点、左右插接、上下插接都已安装到位后，拆除夹具，并命令其返回板块的存放层。

（6）单元板块的微调

借助水平仪通过调整高度的调节螺栓，实现板块高度方向的微调。并且对单元板块的左右接缝进行校验微调。调整完毕后，将连接挂件与转接件锁紧。

（7）幕墙（单元板块）与结构节点的调整

①我公司设计的本工程板块与结构连接节点可实现三维六个自由度方向上的调整。

②通过转接件竖向长条孔和挂件上的调整螺栓，实现单元板块 Y 轴方向（上下）＞10mm 的调节。

③通过槽式埋件的长槽，实现单元板块 X 轴方向（左右）>60mm 的调节。

④通过转接件纵向长条孔，实现单元板块 Z 轴方向（前后）>20mm 的调节。

⑤通过板块左右两端挂件上的调整螺栓调节，实现板块绕 Z 轴旋转调节。

⑥ 通过调整连接挂轴，实现单元板块绕 X 轴旋转调节。

⑦ 通过单元板块转接件上的纵向槽孔，实现板块绕 Y 轴旋转调节。

幕墙与结构连接形式见图 5 - 8 和图 5 - 9 所示。

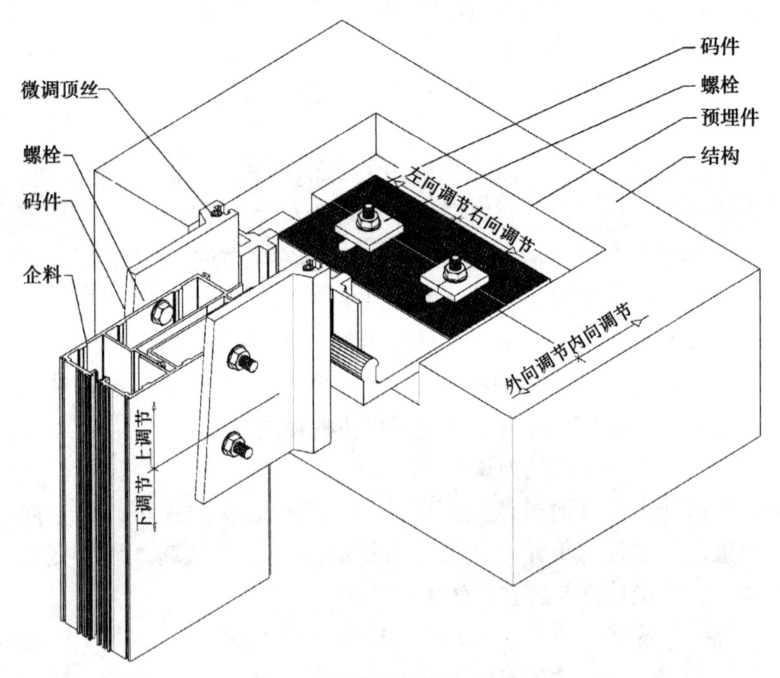

图 5 - 8　幕墙与结构连接形式Ⅰ

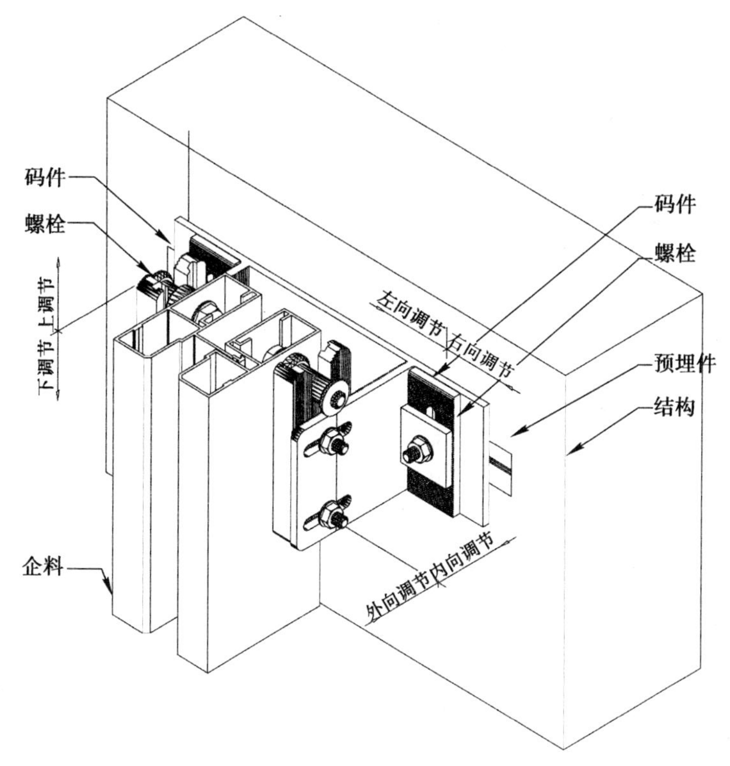

图 5－9　幕墙与结构连接形式Ⅱ

（8）单元式幕墙辅助支撑的安装

辅助支撑点的安装由专门设立的安装小组来完成，并需借助本工程专门设计的室内移动平台来安装。

（9）单元板块吊装图解（图 5－10）

①图中楼层位置说明：

Ⅰ：单轨吊停放层。

Ⅱ：板块存放层及钢制平台存放层。

Ⅲ：板块下行经过层面。

Ⅳ：板块安装上层。

Ⅴ：板块安装层。

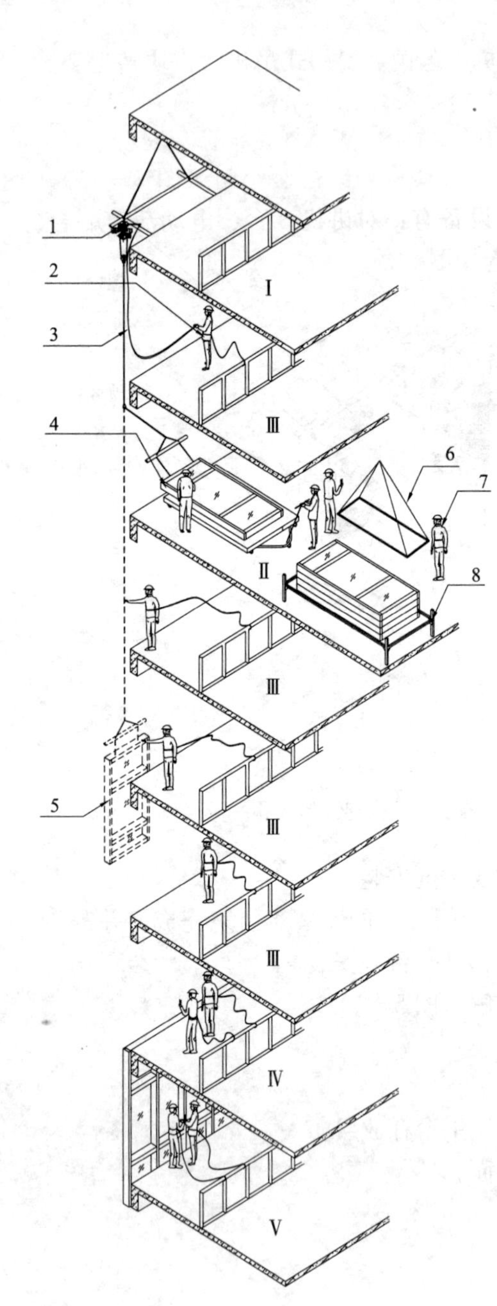

图5－10　单元板块的吊装图解

1—NHHM电动葫芦；
2—电动葫芦操作手；
3—受力钢丝绳（6×9Sϕ21.5mm）；
4—吊装单元板块；
5—吊装下行中的单元板块；
6—起吊架；
7—单元存放层工人；
8—单元板块放置架

②设备名称：单轨吊机、起抛器、门式吊机、板块转运架、对讲机。

注：配对讲机人员所在楼层分别为Ⅰ、Ⅱ、Ⅴ位置楼层。

③为加快吊装的速度，可安排四个吊装小组（图 5－11），每个吊装小组所需配备的设备有：对讲机 3 台、电动葫芦一台（2 吨）、门式吊机一台、起抛器一台。

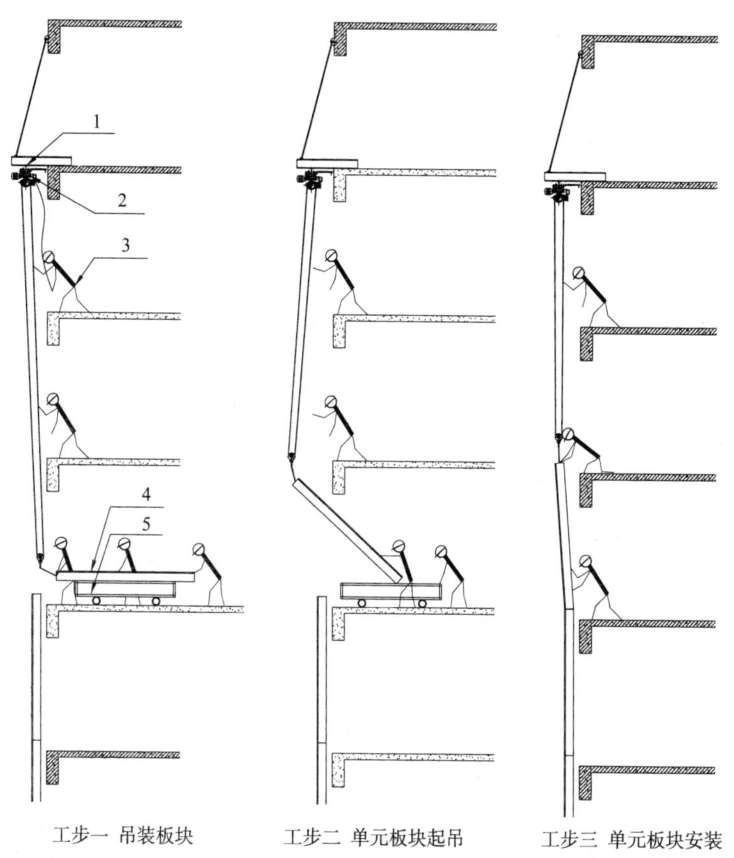

图 5－11 主楼 46 层以下各层板块
（除四个转角及升降机拆除板块）吊装工步图解

1—单轨吊机组件；2—NHHM 环链电动葫芦；3—电动葫芦操守手；
4—单元板块；5—单元板块移动车

④一个吊装小组人员配备情况：

a. 单轨吊机所在层（Ⅰ）配起重机械司机一名，此人主要负责起重机构的操作及平面移动。

b. 板块存放层（Ⅱ）配置工人 4 人，负责板块的平面运输和起吊。

c. 在板块安装层（Ⅴ）及上一层（Ⅳ）各配置工人 2 名负责单元板块的安装工作。

d. 在中间各层（Ⅲ）每层分配工人 1 名，确保板块在下行过程中，板块不与楼体碰撞。

2. 第二种吊装方法（适用于主楼 46 层以上及升降机和塔吊拆除后未安装的单元玻璃幕墙的“单臂吊机”的施工）

本工程主楼塔吊和升降机处的单元幕墙，由于施工需要，塔吊和升降机要在施工即将结束时拆除，因此这部分的幕墙安装要等到工程收尾时拆除塔吊和升降机后才能施工。对于单元幕墙来说，由于常规结构的限制，一个层间最后一个板块的插接几乎无法实现，具体解决单元板块塔吊和升降机收口施工问题方法如下：

在设计时，对收口节点进行了特别设计，收口板块取消原一体的插接杆。现场安装时，沿幕墙面垂直推动收口板块，即将收口板块平推入幕墙内，调节水平后，将单元板块固定。然后采用工字形插接杆对左右板块间的凹槽处进行插接密封，插接时，要采用错位插接法（一般，单元幕墙的收口处都预留三个单元板块，待到塔吊拆除后再实现单元板的收口处理。）三个单元板块，我们就叫做左、中、右单元板块，左右单元板块吊装完毕，再吊装中间的单元板块，一层一层，直至吊装完毕。这种方法也叫“错位插接法”，这样可以保证气密性和水密性。其施工顺序见图 5－12 所示。

（1）板块吊装前的准备

①检查准备吊装板块的完好性，核对板块编号。

②将单臂吊机移至吊装板块上方的指定位置。

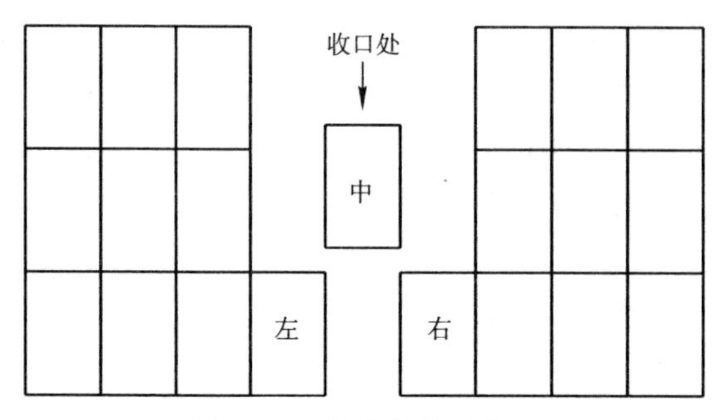

图 5-12　错位插接示意图

③安装单元板块吊装夹具并确认可靠性。

④确认对讲机通话的可靠性。

⑤确认所有参与吊装人员已到指定位置。

（2）将单元板块吊出板块存放层

①此过程需单臂吊机司机、板块存入层的吊装指挥人员及其他人员协调作业完成。

②吊装时单臂吊机在指挥人员的指示下缓缓提升板块，同时存放层内人员借助起抛器，将板块向楼外移动。

③由于本工程施工区域狭小，因此，此部分的单元板块存放层采用每隔一个楼层设一个存放层。

（3）单元板块的下行过程

①单元板块的下行过程由板块吊装层上一层人员共同完成。

②单元板块在下行过程中应确保在所有经过层都有人员传接板块，防止板块在风力作用下与楼体发生碰撞。

③在安装位置将单元板块慢慢放下，并且确保高于已安装完成板块 500mm。

（4）单元板块的插接就位

①单元板块的插接就位由单元板块安装层和上一层人员共同完成。

②单元板下行至单元体挂点与转接件高度相距 200mm 时，命令板块停止下行，并进行单元板块的左右方向插接。

③在左右方向插接完成后，在控制左右接缝尺寸的情况下命令板块继续下行，此时由上一层人员负责单元体挂件与转接件的对接，板块安装层人员负责上下两单元板块的插接。

④确认单元板块的挂点、左右插接、上下插接都已安装到位后，拆除夹具，并命令其返回板块的存放层。

（5）单元板块的微调

借助水平仪通过调整高度的调节螺栓，实现板块高度方向的微调，并且对单元板块的左右接缝进行校验微调。

（6）板块与结构节点的调整

本工程板块与结构连接节点，可实现三维六个方向自由度的调整。安装时，调整转接件，使每层的转接件均处在安装偏差的允许范围内，然后固定，这样可保持转接件的统一性，以确保幕墙的平整度。

（7）单臂吊机单元板块的吊装流程图解（图 5－13）。

①图中楼层说明：

Ⅰ：单臂吊停放层。

Ⅱ：板块存放层及钢制平台存放层。

Ⅲ：板块下行经过层面。

Ⅳ：板块安装上层。

Ⅴ：板块安装层。

②设备名称：单臂吊机、起抛器、门式吊机、板块转运架、对讲机。

注：配对讲机人员所在楼层分别为Ⅰ、Ⅱ、Ⅴ。

③由于此处单元板块作业面小，因此采用一个吊装小组进行吊装。吊装小组所需配备的设备如下：对讲机 3 台、电动葫芦一台（2t）、门式吊机一台、起抛器一台。

④一个吊装小组人员配备情况：

a. 单臂吊机所在层（Ⅰ）配起重机械司机一名，此人主要负责起重机构的操作及平面移动。

b. 板块存放层（Ⅱ）配置工人 4 人，负责板块的平面运输

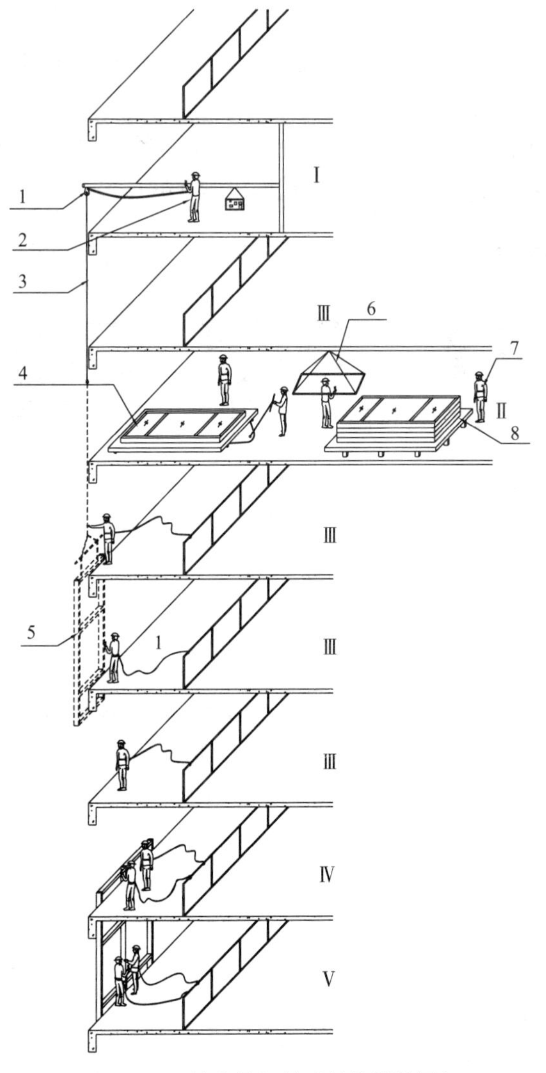

图 5 - 13　单臂吊机单元板块吊装图解

1—单臂吊机示意；2—操作手；3—受力钢丝绳（6×9Sϕ21.5mm）；
4—吊装单元板块；5—吊装下行中的单元板块；6—起吊架；
7—单元存放层工人；8—单元板块放置架

和起吊。

c. 在板块安装层（Ⅴ）及上一层（Ⅳ）各配置工人 2 名，负责单元板块的安装工作。

d. 在中间各层（Ⅲ）分别配置工人一名，确保板块在下行过程中，板块不与楼体碰撞（图 5 - 14 所示）。

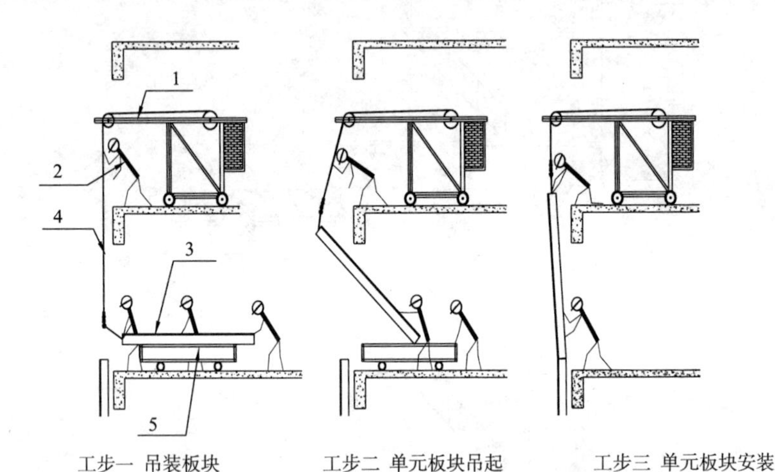

工步一 吊装板块　　工步二 单元板块吊起　　工步三 单元板块安装

图 5 - 14　46 层以下四个凹角及升降机拆除后预留板块单臂吊机工步图解

1—单臂吊机；2—单元板块吊装操作手；3—单元板块；

4—受力钢丝绳（6×9Sϕ21.5mm）；5—单元板块移动车

（8）吊装板块过程中应注意问题

①板块吊装前，认真检查各起重设备的可靠性和安装方式的正确性。

②认真核实所吊板块重量，严禁超重吊装。

③起重工与起重机械操作者认真配合，严防操作失误。

④吊装人员应谨慎操作，严防板块擦伤、碰伤情况。

⑤吊装工作属临边作业，操作者必须系好安全带，所使用的工具必须系绳，防止坠物情况发生。

⑥ 在恶劣天气（如大雨、大雾、6 级以上大风天气）不能

进行吊装工作。

⑦ 安装工人应认真学习并执行单元幕墙安装的技术规范，确保安装质量。

⑧ 脚手架搭设的“单臂吊机”平台经过严格计算，确定搭设形式。

⑨ 脚手架搭设的“单臂吊机”平台上的“单臂吊机”要根据吊装板块的重量调整适当的配重，在起吊单元板块到安装位置时，要确保“单臂吊机”的稳定性，确保安全（图 5-15）。

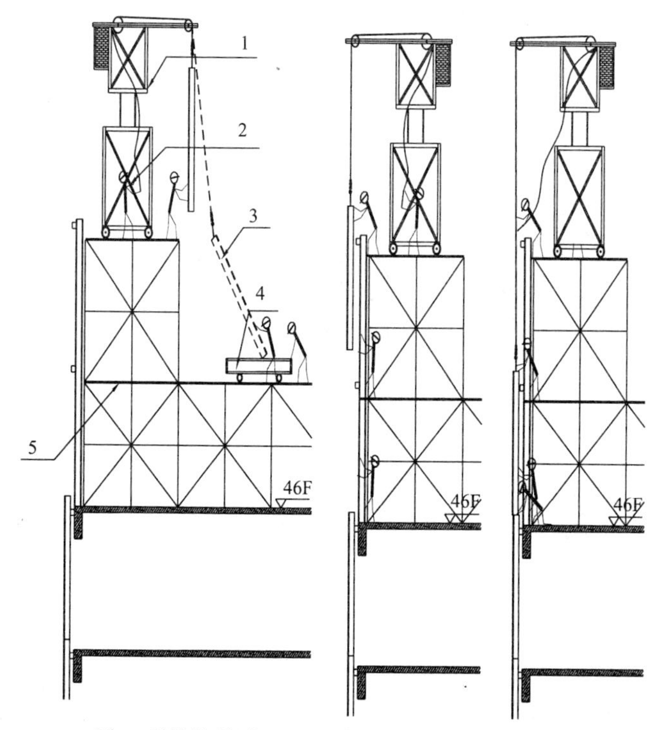

图 5-15　46 层以上至屋顶层单臂吊机吊装工步图解

1—可旋转单臂吊机；2—单臂吊机操作手；3—单元板块；
4—单元板块运输车和操作手；5—单臂吊机临时平台（用脚手架搭设）

上述为某工程吊装单元板块的实际事例，在实际操作过程应按工程的具体情况设计吊装方案和吊装工具。图5-16所示为吊装单元板块用小车示意图，仅供参考。

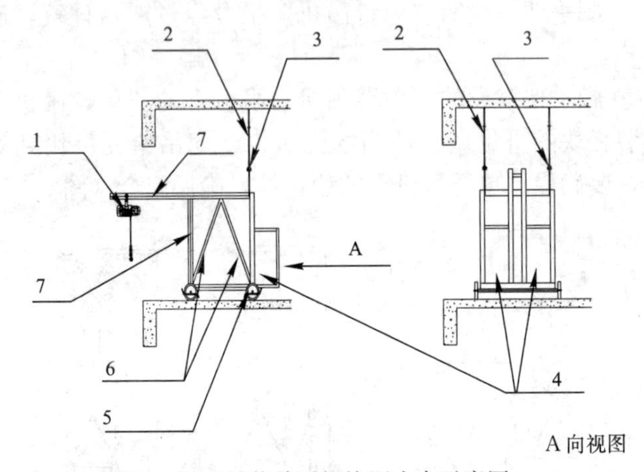

图5-16 吊装单元板块用小车示意图

1—电动葫芦组件；2—戴安全扣铆栓；3—可伸缩撑杆；4—配重；5—可制动的小轮；6—50mm×50mm×3mm角钢；7—100mm×50mm×5mm方钢

第六章　幕墙安装施工安全及文明生产保护措施

第一节　保证安全目标的措施

1. 安全管理方针及目标

安全管理方针是"安全第一，预防为主"。

安全目标：确保无重大工伤事故，杜绝死亡事故；轻伤频率控制在3%以内。

2. 安全组织保证体系

以项目经理为首，由现场经理、安全总监、区域责任工程师、专职安全员、施工队长、作业班组长、各专业分包等各方面的管理人员组成安全保证体系。

3. 安全管理制度

（1）岗位责任制

明确各级管理人员的安全岗位责任制，包括项目经理、技术人员、施工员、班组长、专职安全员等。明确其应承担的安全责任和应做的工作，并打印成册，人手一册，互相监督。

①建立安全教育制度。规定对所有进场的职工、民工进行一次入场安全教育及针对本工种安全操作规程的教育，并建立个人安全教育卡片。需持证上岗的特殊工种工人都必须经过培训考试，并取得有关部门颁发的合格证书后方可上岗。各班每天上班前，应由工班长做班前安全施工教育。

②坚持安全教育制度。规定每月由项目副经理牵头对工地进行两次安全教育，安质部要不定期地组织人员进行检查，专职安全员必须天天检查。对检查出的问题隐患要做好文字记录，并落实到人限期整改完毕，对危及人身安全的隐情，必须立即

整改，对要整改的问题整改完毕后要由安全员进行验证。

③坚持安全交底制度。技术人员在编制方案、技术措施时，必须编制详细的、有针对性的安全措施，并向操作人员进行书面交底，双方签字认可。

④安全事故处理制度。现场发生人身安全事故，都要本着“三不放过”的原则进行处理，查明原因，教育大家，并落实整改措施。发生重大事故必须及时向上级部门及地方有关部门汇报，积极配合和接受有关部门的调解和处理。

（2）现场施工安全措施

根据以往施工经验，将安全施工检查、防触电、防高空坠落、防止物体打击作为现场安全防护的重点。

①施工操作人员的个人防护。

a. 认真学习各种安全、消防和保卫知识，加强安全意识，提高自我保护能力，减少各种事故发生。

b. 进入现场必须佩戴安全帽，不准穿拖鞋、裙子、不得赤脚作业，不准吸烟。

c. 高空作业必须系好安全带，穿防滑鞋，施工时不得嬉戏、打闹，交叉施工时防止高空落物伤人，高空作业应检查脚手架及跳板是否牢固，防止蹬滑及踩探头，必要的地方应装设护栏。

d. 从事电气焊、剔凿、磨削作用人员应戴面罩或护目镜。特种作业人员，如电工、电气焊工等必须持证上岗，并佩戴相应的劳动保护用品。

e. 所有电力线路和用电设备，必须由持证电工安装，并负责日常检查和维修保养，其他人员不得私自乱接、拉电线。

f. 现场使用的用电线路，一律采用绝缘导线，移动线路必须使用胶皮电线，不得有裸露，导线要架空设置，以绝缘固定，不得捆绑在脚手架上。

g. 在潮湿场所及高度低于 2.4m 的房间以及各种通道内作业时应使用 36V 的安全电压做照明，油料及易燃易爆品仓库内使用防爆灯具，严禁使用移动式碘钨灯。

h. 室外配电箱必须做防雨罩并上锁，钥匙由值班电工统一管理，总配电箱和分配电箱均设漏电开关，开关箱内的漏电开关动作电流不大于30MA，所用电设备均采用“一机一闸一漏电”。

i. 配电系统采用TN-S接零保护系统，PE线截面不小于10Ω，电力设备的外壳及所有金属工作平台均与PE线相接。

②防高空坠落和物体打击措施

a. 洞口防护：电梯井口设1.2m高钢盘防护门，井内每隔一层设一道水平安全网。水平洞口边长大于1.5m的用打膨胀螺栓固定钢筋网的方法，钢筋直径不小于16mm，间距不大于150mm。边长在30mm以下的小洞，上面覆盖九夹板，板上标示出洞口字样。各种通道入口处，必须搭护头棚，采用钢管支架，模板双层防护，并挂有关的警示牌，人货电梯及快速提升架在各层的出入口处均设钢筋拉门。

b. 临边防护：建筑物各层的四周，做临时防护栏杆封挡，并利用正式工程的窗台、拉杆、女儿墙做防护，楼梯间沿梯段方向通长设置临时钢管护栏，基坑周边做钢筋防护栏杆，并涂以鲜明标志，夜间设防护灯。

c. 外脚手架防护：外墙爬架必须与建筑物有可靠的拉结，外侧满布密孔式安全网，架内满布双层架板，以防坠物伤人。

③机械设备的使用、维修和保养

现场机械设备必须有书面操作规程，必须由持有操作证的人员操作，并实行定机定人。机械设备管理人员必须经常检查机械设备的安全防护装置并予以维修和保养，及时更换失灵和损坏的零部件。各种机械设备操作人员必须严格按照操作规程操作，不得带病或酒后作业。高大机械设备、脚手架等要做好可靠的防雷接地，接地电阻不大于10Ω。

a. 管理

(a) 项目部开工前应提出机械使用计划，所有施工机械进场应建立原始档案，并会同公司机械管理部门一起办理验收。

（b）各机械设备要挂有该设备的“安全操作规程”并向机手进行“安全及性能交底”。

（c）各机械在使用过程中，要进行定期检测，进行设备运行卡记录，包括安全运行、维修、保养等内容。

b. 安全技术要求及措施

（a）中小型机械也应按照“施工平面布置图”的设置位置安排。

（b）钢丝绳应有足够的安全系数，要加强日常的检查，凡表面磨损、腐蚀、断丝超过标准的、打死弯、断股、油芯外露的均不得使用。吊钩应有防止脱钩的保险装置。

（c）卡环在使用时应使销轴和环底受力，吊运物件时必须用卡环。

（d）机手要严格按操作规程、施工技术规范、安全交底操作，加强日常的保养工作，认真执行设备使用维护规程。

（3）施工现场消防、防火措施

在施工生产全过程中必须认真贯彻实施“预防为主、防消结合”的方针，确保不出现消防、伤亡事故。建立以项目经理牵头，行政部及安全部主抓，其他部门配合的管理体系，结合工程施工特点，对每位员工进行消防保卫方面的教育培训，做到每个人在思想上重视。

①为了加强施工现场的防火工作，严格执行防火安全规定，消除安全隐患，预防火灾事故的发生，进入施工现场的单位要建立健全防火安全组织，责任到人，确定专（兼）职现场防火员。

②施工现场执行用火申请制度，如因生产需要动用明火，如电焊、气焊（割）、熬油膏等，必须实行工程负责人审批制度，需动用明火许可证。用火操作引起火花的应有控制措施，在用火操作结束离开现场前，要对作业面进行一次安全检查，熄火、消除火源溶渣，消除隐患。

③在防火操作区内根据工作性质，工作范围配备相应的灭

火器材，或安装临时消防水管，生活区内应配备灭火器材，工地工棚避免使用易燃物品搭设，以防火灾发生。

④工地上乙炔、氧气等易燃气体罐分开存放，挂明显标记，严禁火种，并且使用时由持证人员操作。

⑤严格用电制度，施工单位配有专职电工、合格的配电箱，如需用电应事先与电工联系，严禁各施工单位擅自乱拉乱接电源，严禁使用电炉。

⑥ 在有易燃物料的装潢施工现场，木加工棚等禁止吸烟和使用小太阳灯照明，如有违反规定处以罚款。

⑦ 施工现场危险区还应有醒目的禁烟、禁火标志。

（4）保证季节施工的措施

①冬雨季施工前认真组织有关人员分析冬雨季施工生产计划，根据冬雨季施工项目编制施工措施，所需材料要在施工前准备好。

②现场成立防汛领导小组，组织抢险队，制订防汛计划和紧急预防措施。雨季施工前，组织相关人员对施工现场排水设施和各项雨季施工机具进行一次全面的检查。

③夜间设专职的值班人员，保证昼夜有人值班并做好值班记录，同时负责收听和发布天气情况，遇有恶劣天气提前做好预防措施。

④组织机构：专门成立季节施工措施委员会，项目经理任主任，会同施工、材料、机械安全、质控等部门专职负责人组成，切实落实好季节器材配备，建立季节值班制度，做到人员、设备器材、制度三落实。由季节施工措施委员会组织、协调好各部门的季节施工工作，合理安排好各项阶段施工措施，做好季节施工的人员调配；机械的检修、维护；材料的保管、防水；安全隐患的检查；施工质量的监控。注意每天的天气预报，及时采取有效的应急措施，把季节对重要结构的影响压缩到最低程度，确保工程质量优良，做好未雨绸缪，防患于未然。

⑤技术措施

a. 冬期施工措施

制定冬期施工措施，主要是为了避免或消除低温给施工过程带来的不便和满足某些特定施工工艺的要求。对幕墙安装工程而言，受温度影响的工艺过程包括焊接和注密封胶。冬期施工具体措施如下：

(a) 若需焊接，则先用喷灯烘烤焊接件，使其均匀升温达到焊接工艺要求再进行焊接，同时尽量在白天温度较高的时间段如上午 10 点到下午 3 点期间进行焊接操作。

(b) 若注胶则预先将耐候胶置于暖房中（室内温度 20℃左右）一夜，这样胶的温度大约为 18℃左右，然后迅速施打即可，同时注意从暖房中取胶要分取，用多少取多少，尽可能减少耐候胶施打前在室外滞留时间。

(c) 给安装工人及时发放防寒施工用品如棉手套及防滑鞋等。

(d) 注意雪天施工安全，特别注意清除吊管及工作平台上的积雪，做好防滑准备。

b. 雨季施工措施

(a) 为了不降低玻璃板块的防水性及五金件的防腐性，并防止防火岩棉和保温棉遇雨腐烂，在雨天停止施工。

(b) 胶固化需具备一定的温度（高于 5℃），为了保证胶的湿度、温度和表面质量，在低于 5℃时不可进行注胶工作。

(c) 对钢型材和相关零件用防雨布遮住，确保雨水不会进入，在下雨天，严禁电焊，雨后，电焊工施工脚下垫干燥木板，穿绝缘鞋及戴绝缘手套。

(d) 注意做好岩棉等物品的防潮防湿，严格执行产品保护方案。

(5) 文明施工措施

①文明施工管理目标

施工现场及机械料具管理要严格按总平面设计做到合理布置、方便施工、场容整洁；环境保护及环境卫生工作措施得力、管理严密，符合相关法规的要求；防止扰民等方面应制定具体的措施，加强内部保证和外部协调，妥善处理所出现的问题。

②文明施工组织措施

针对工程特点，按专业和工种实行管理责任制，把管理目标层层分解并落实到各专业和人员。项目经理统一安排布置，项目副经理主抓文明施工管理，具体实施区域分阶段制定目标，做到有目标、有规划、有分工、有措施。通过宣传教育、布置安排、检查考评、奖罚兑现等环节狠抓落实，保障文明施工的目标实现。每月月中和月末项目部各检查一次，每季度公司组织一次文明施工检查，检查结果作为项目部考核“基层文明施工管理员”和公司考核项目经理业绩的主要依据。

a. 成立文明施工管理小组，项目经理任组长，项目副经理任副组长，组员为各专业工长、各施工专业队队长、收料员。

b. 管理和施工人员工资和文明施工挂钩。

c. 建立合理的文明施工奖罚制度。

d. 对不按文明施工要求施工屡教不改的施工队员，终止其劳务合同并按规定扣除工资，责令其退场。

③现场文明施工管理措施

a. 场容管理措施

(a) 施工场地按要求做硬化地坪，道路畅通无积水，废水、污水排到深沉池经沉淀后排入城市污水管道，工地设置吸烟室，办公区域有绿化布置。

(b) 施工现场临时水电设专人管理，杜绝开长流水、长明灯现象。

(c) 工人操作地点和周围必须清洁整齐，做到活完场清。

(d) 建筑物垃圾必须通过垂直运输机械或抬运方式运到区内规定垃圾存放处，严禁从窗口、施工洞、电梯井、管道井直接抛下。

(e) 严禁污染市政道路。每天检查清扫，出入口设置车辆冲洗处，防止将泥土带到公路造成污染。

(f) 保持围墙干净、整洁、不变形，如有损坏及时修复。

b. 现场机械管理

(a) 施工机械设备的运输、安装、调试和拆除要制订相应的施工方案，提前做好准备，保证施工场所处于文明安全状态。

(b) 现场使用的机械设备按总平面图布置，临时使用的机械设备应根据当时的情况，确定安全合理的位置，并经项目部主管领导审核批准。

(c) 加强对机械设备的维修和保养，遵守机械操作规程，做好安全防护措施，保证机械正常运转，保持机械及周围环境的清洁。

(d) 各种机械设备标志明显，统一编号，标牌内容包括机械设备名称、基本参数，验收合格标记、管理负责人和安全管理规定，操作规程。

(e) 临时用电配设施的各种电箱统一标准，摆放位置合理，便于施工和保持场容整洁，各种电线敷设符合规定，并做到整齐简洁，严禁乱拉乱扯。

c. 现场料具管理

(a) 施工所需的各种材料和工具，应根据施工进度及现场条件有计划地安排加工和计划进场，做到即不耽误施工又不造成积压，充分发挥材料堆放场地周转使用。

(b) 各种材料装卸、运输要做到文明施工。根据材料的品种、特性选择合适的机械设施和装卸方法，保证材料、半成品、成品的完好，严禁乱扔乱砸。现场按规定做好检查、验收，并做好检验记录。

(c) 材料存放的位置必须便于施工和符合平面图布置要求，按功能分区挂牌标识，注明材料品种、规格、数量、检查状态和管理负责人。

(d) 材料存放方式必须符合施工要求。各种散料堆放必须有合适的容器。各种管件应搭设架子堆放，架子稳固可靠，不产生安全隐患，并做好防雨、防潮、防腐等措施。

(e) 加强各种材料使用管理。收、验、手续齐全，做好限额领料，防止施工过程中材料损坏和浪费现象，减少物耗。加强边角余料的收集和堆放管理，经常清点现场材料库存量，根据需求情况做好料具的清退和转场。

d. 服装要求

所有施工人员施工操作时要求服装统一。安全帽按管理层分为红、蓝、黄三色，项目经理、副经理佩带红色安全帽，项目管理人员佩带蓝色安全帽，操作人员佩带黄色安全帽。安全帽和服装上印有公司名称。

（6）半成品和成品专项保护措施

①成品保护概述及成品保护机构

a. 在幕墙生产制造过程中，幕墙成品保护工作显得十分重要，因为幕墙工程既是围护工程，又是装饰工程，在制作、运输、安装等各环节均需有周全的成品保护措施，以防止构件、工厂加工成品，幕墙成品受到损坏，否则将无法确保工程质量。

b. 如何进行成品保护必将对整个工程的质量产生极其重要的影响，必须重视并妥善地进行好成品保护工作，才能保证工程优质高速地进行施工。这就要求我们成立成品保护专项管理机构，它是确保成品、半成品保护得以顺利进行的关键。通过这个专门机构，对制作、运输堆放、施工安装及已完幕墙成品进行有效保护。确保整个工程的质量及工期。

c. 成品保护管理组织机构必须根据工程实际情况制定具体成品、半成品保护措施及奖罚制度，落实责任单位或个人；然后定期检查，督促落实具体的保护措施，并根据检查结果，对贡献大的单位或个人给予奖励，对保护措施不得力的单位或个人采取相应的处罚手段。

d. 在幕墙工程制作安装过程中，成立成品保护小组，制定成品保护实施细则，负责成品和半成品的检查保护工作。

②幕墙成品保护措施

工程施工过程中，制作、运输、施工安装及已完幕墙均需制定详细的成品、半成品保护措施，任何单位或个人忽视了此项工作均将对工程顺利开展带来不利影响，因此制定以下成品保护措施。

生产加工阶段的材料保护：

(a) 型材的加工、存放所需台架等均需垫木方或胶垫等软质物；

(b) 型材周转车、工位机具等，凡与型材接触部位均以胶垫防护，不允许型材与钢质构件或其他硬质物品直接接触；

(c) 玻璃周转用玻璃架上采取垫胶垫等防护措施；

(d) 单元组装平台需平整并垫以毛毡等软质物；

(e) 型材与钢架之间垫软质物隔离；

(f) 材料的搬运：

ⓐ 玻璃铝板等材料搬运时，应由两人以接近垂直于地面的角度进行搬运；

ⓑ 搬运过程中要注意轻拿轻放，防止磕碰损害和划伤；

ⓒ 搬运过程中造成外包装损坏和型材划伤、磕碰变形应更换包装，对破损型材经检验员确认后决定继续使用或更换。

(g) 材料的堆放及储存：

ⓐ 型材的储存积摆放：

竖框的摆放：用两支木方垫起不低于 5cm，两木方间距为竖框长度的 0.7～0.8 倍，有胶条面向上摆放不超过 8 层，宽度不小于 2.6m，至少两面留有不小于 1.5m 的运输通道；

横框的摆放：用两支木方垫起不低于 5cm，两木方间距为横框长度的 0.7～0.8 倍，有胶条面向上摆放高度，宽度与横框等见方长，两面留有不小于 1.2m 的运输通道；

异型框的摆放：用两支木方垫起不低于 5cm，两木方间距为异型框实体最大长度的 0.7～0.8 倍，长度相差 25％的框另加两支木方或另外摆放，高度不超过 1.2m，宽度 2m，两面留有不小于 1.5m 的运输通道。

ⓑ 玻璃：

要靠在牢固的墙面上，与地面呈 80°左右角立式摆放。与墙面接触部位加垫柔软的缓冲材料；

下面加垫木方，距端头不大于300mm，间距不大于1000mm；

相邻两块玻璃成面对面或背对背的摆放形式；

只允许单层摆放，严禁上下叠加；

每排玻璃不得超过15档；

每一排只能摆放同一种规格。

ⓒ 铝板：

要靠在牢固的墙面上，与地面呈80°左右角立式摆放。与墙面接触部位加垫；

柔软的缓冲材料；

下面加垫木方，距端头不大于300mm，间距不大于1000mm；

相邻两块玻璃成面对面或背对背的摆放形式；

只允许单层摆放，严禁上下叠加；

每排玻璃不得超过20档，且以不产生塑性变形为前提。

ⓓ 泡沫条、胶条：

要成捆摆放，捆径不超过2000mm；

每捆之间至少加三道捆绑绳，以牢固不损伤材料为标准；

相同型号、规格可以水平叠加；

条件允许的情况下可以成袋包装。

ⓔ 小件材料：

小件材料均上架摆放整齐，并设立标示牌，架子用角钢或木方制成；

架子高不超过2m，最低层距地面超过50mm；

电焊条要防潮；

小件材料要成盒或成袋包装；

两种材料之间要有清晰的分隔。

ⓕ 存储地点的环境要求：

存储地点要有一定的面积和空间，满足三维方向的摆放要求；

存储环境不可露天，具有防雨防雪的功能；

应干燥、通风，空气碱度为中性，无腐蚀性；

存储地点应具有防火防盗措施。

③半成品的保护措施

a. 对到工地半成品的检查

（a）产品到工地后未卸货之前，对半成品进行外观检查，首先检查货物装运是否有撞击现象，撞击后是否有损坏，有必要时撕下保护层进行检查。

（b）检查半成品保护贴是否完善，检查半成品是否有损伤，无损伤的，补贴好保护纸后再卸货。装在货架上的半成品，应尽量采用铲车、吊车卸货，避免多次搬运造成半成品的损坏。

（c）用吊车卸半成品时，要防止钢丝绳收紧将半成品两侧夹坏。

b. 半成品的搬运

半成品在土地卸货时，应轻拿轻放，堆放整齐。半成品卸货后，应及时由运输组人员将半成品运输到指定装卸位置。半成品到工地后，应及时进行安装，来不及安装的半成品，应放在不影响通道以及空中坠物砸不到的地方。

c. 半成品的堆放

对到工地的单元板块，禁止直接搁在地上，应根据单元的大小，底下垫上木方；待安装的半成品应轻拿轻放，板块安装时，防止尾部着地；待安装的材料离结构边缘应大于2m；五金件、密封膏应放在五金仓库内。幕墙各种半成品堆放，应通风干燥，远离湿作业。

④产品的保护措施：

从幕墙构件制造到幕墙安装完毕而未验收之前都应该制定具体的保护措施，防止幕墙的损坏，造成无谓的损失。

a. 产品包装阶段保护措施

（a）包装工人按规定的方法和要求对产品进行包装。

（b）不同规格、尺寸、型号的型材不能包装在一起。

（c）包装应严密、牢固，避免在周转运输中散包，型材在包装前应将其表面及腔内铝屑及毛刺刮净，防止划伤，产品在包装及搬运过程中避免装饰面的磕碰、划伤。

(d) 产品包装后，在外包装上用水笔注明产品的名称、代号、规格、数量、工程名称等。

(e) 包装人员在包装过程中发现型材变形、装饰面划伤等产品质量问题时，应立即通知检验人员，不合格品严禁包装。

(f) 包装完成后，如不能立即装车发送现场，要放在指定地点，摆放整齐。

(g) 对于组框后的窗尺寸较小者可用纺织带包裹，尺寸较大不便包裹者，可用厚胶条分隔，避免相互擦碰。

b. 运输过程中产品保护措施

(a) 构件与构件间必须放置一定的垫木、橡胶垫等缓冲物，防止运输过程中构件因碰撞而损坏。

(b) 单元板块的运输，制作专用运输架，单元板块和运输架之间进行软性接触，可靠固定，以保证单元板块在途中不受损坏；

(c) 运输过程中为避免构件表面损伤，在构件绑扎或固定处用软性材料衬垫保护。

(d) 玻璃装车时需立放，底部垫草垫，玻璃间用软质物隔离，玻璃装箱时要四周垫硬塑料泡沫，箱子捆扎结实，确保车辆行驶中的振动和晃动不使玻璃破损。

(e) 散件按同类型集中堆放，并用钢框架、垫木和钢丝绳进行绑扎固定，杆件与绑扎用钢丝绳之间放置橡胶垫之类的缓冲物。

(f) 运输中应尽量保持车辆行驶平稳，路况不好注意慢行。

(g) 运输途中应经常检查货物情况。

(h) 公路运输时要遵守相应规定。

c. 施工现场成品保护措施

(a) 施工现场临时存放的材料，按规定的《产品贮存控制程序》进行贮存和维护。

(b) 不锈钢板块用保护胶纸吸附贴紧，直到竣工清洗前撕掉，以保证表面不轻易被划伤或受到水泥等腐蚀。

（c）玻璃吸盘在进行吸附重量和吸附持续时间检测后方能投用。

（d）构件进场应堆放整齐，防止变形和损坏，堆放时应放在稳定的枕木上，并根据构件的编号和安装顺序来分类。构件堆放场地应做好排水，防止积水对构件的腐蚀。

（e）在拼装、安装作业时，应避免碰撞、重击。减少在构件上焊接过多的辅助设施，以免对母材造成影响。

（f）玻璃用木箱包装，便于吊运，也不易被碰坏。

（g）吊装或水平运输过程中对幕墙材料应轻起轻落，避免碰撞和与硬物摩擦；吊装前应细致检查包装的牢固性。

（h）物料摆放地点应避开道路繁忙地段或上部有物体坠落区域，应注意防雨、防潮，不得与酸、碱、盐类物质或液体接触。

（i）从木箱或钢架上搬出来的板块及其他成品、半成品，需用木方垫起 100mm，并不得堆放挤压。

（j）应严禁结构施工中水、砂浆、混凝土等物质的坠落，土建应严格做好楼层防护。

（k）应严禁焊接火花的溅落和物体撞击及酸碱盐类溶液对幕墙的破坏。

（l）严禁任意撕毁材料保护膜，或在材料饰面上刻画或用单元式杆件材料做辅助施工用品。

（m）幕墙施工采取先下后上的顺序，为避免破坏已完工的产品。施工过程中必须做好保护，防止坠落物损伤成品。施工过程中铁件焊接必须有接火容器，防止电焊火花飞溅损伤幕墙板块及其他材料。做防腐时避免油漆掉在各产品上。

（n）为了防止已装板片受污染，在板片上方用彩条布或木板固定在板口上方，在已装不锈钢板块上标明或做好记号。特别是底层或人可接近部位用立板包裹扎牢，来工地已装竖料横料，未经交付时不得剥离保护膜，有损坏及时补上。板片型材到工地后放在规定部位用木板等起保护作用的材料将型材、板片盖起来，特别是玻璃一定用木板盖上，避免重物坠落损伤。

对已装好的幕墙若有装潢进场及时移交，加强装潢的责任心，对未交付的已装幕墙采取隔离措施，不让人接近，加强巡逻，对开启窗应锁定，防止风吹打、撞击。重视成品保护工作，加强对成品保护的检查。

d. 已装幕墙的保护

(a) 在总包的配合下设置临时防护栏，防护栏必须自上而下用安全网封闭。幕墙成品保护是十分重要的施工环节，如处理不当，经常对幕墙成品造成划伤、污染以至破坏，给施工带来麻烦而且带来一定的经济损失（图 6－1)。

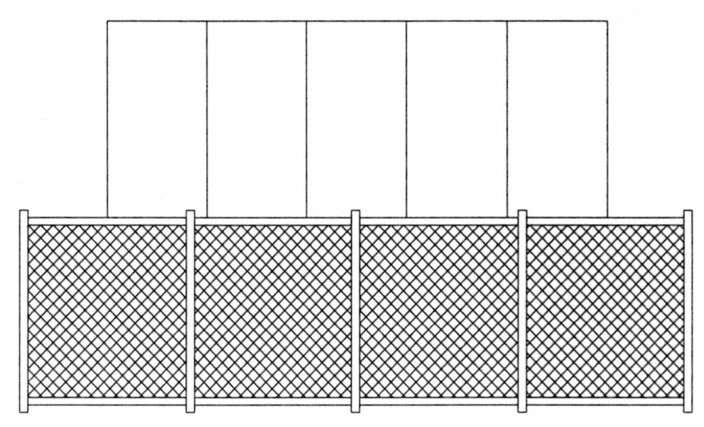

图 6－1　已安装幕墙安全网封闭保护示意图

(b) 安装上墙的饰面板块在未检查验收前不得将其保护膜拆除。

(c) 贴有保护膜的型材等在胶缝处注胶时应用手将保护膜揭开，而不允许用小刀直接在玻璃上将保护膜划开，以免利器损伤玻璃镀膜。

(d) 在玻璃的全部操作过程中均须避免与锋利和坚硬的物品直接以一定压强接触。

(e) 在操作过程中若发现砂浆或其他污物污染了饰面板材，应及时用清水冲洗干净，再用干抹布抹干，若冲洗不净时，应采用其他的中性洗洁液清洗或与生产厂商联系，不得用酸性或碱性溶剂清洗。

第二节　吊篮作业指导书

1. 作业前的检查

操作人员在使用前必须检查的项目：

①电源线连接点、观察指示灯；

②启动时，悬吊平台是否处于水平；

③碰撞上下限位，报警器鸣叫，平台停止；

④提升机与平台连接是否牢固、可靠；

⑤提升机：

a. 电机电磁制动装置是否正常；

b. 将一载荷提升到距地面约 1m 处，然后使之急速降落，如果荷载每次不停止，则检查离心制动器；

c. 运转时有无异常响声、冒烟和怪味现象，箱体是否漏油；

d. 不能有任何异物进入箱体内；

e. 传动机构润滑是否良好，不允许有水和腐蚀性液体渗入机内。

f. 救命绳：

(a) 检查施工救命绳的质量与长度是否合格；

(b) 将救命绳与放置吊臂楼层的结构立柱绑扎牢固，然后放到吊篮施工作业层。救命绳与吊篮的钢丝绳不允许有缠绕现象；

(c) 施工人员在施工作业层内将安全带与救命绳的安全扣搭接牢固方可进入吊篮进行施工作业；

(d) 救命绳与施工人员、施工吊篮必须是两个独立的安全保障体系。

g. 安全锁：

(a) 安全锁是否触发，安全钢丝绳是否自由顺畅通过安全锁；

(b) 用手向上猛然拉动钢丝绳，安全锁是否能可靠锁定钢丝绳；

(c) 吊篮在正常运行下降时，手动触发安全锁，是否能安全、可靠锁紧安全钢丝绳；

h. 钢丝绳有无松股、乱股、弯曲、打结等现象，绳上如有泥砂、油脂等杂物，应立即清除干净。

⑥ 检修人员在吊篮使用前，除检查上述项目外，还必须检查以下各项：

a. 悬挂钢丝绳的节点；

b. 悬挂机构各连接点，加强钢丝绳的固定、配重和安置数量；

c. 平台各连接点；

d. 专业检修人员必须按上述方法，做到对整机和各主要部件定期检查，时间每周1～2次。

2. 作业中的安全事项

(1) 进入吊篮必须戴安全帽，系好安全带，安全带要系在牢固的救命绳上，专人进行检查，保持完好状态。

(2) 如果在施工过程中，吊篮设备发生故障，救命绳施工人员的安全带形成的安全保障系统应立即能够发挥作用，做到人机分离。

(3) 施工过程中，救命绳与吊篮的钢丝绳不能有缠绕现象。

(4) 吊篮操作人员必须经过培训合格后方可上岗，吊篮必须由专人按照操作规程谨慎操作，严禁未培训人员擅自操作吊篮。

(5) 使用双机提升的吊篮施工时，应有两名人员操作吊篮，施工及操作人员不得穿着硬底鞋、塑料鞋或其他易滑的鞋子，吊篮内严禁使用梯、凳、搁板等登高工具，严禁在吊篮中奔跑、纵跳。

(6) 正常施工时，吊篮内载荷应尽量保持均匀，严禁将吊篮用做起重运输和进行频繁升降运行。

(7) 施工人员必须在地面进出吊篮，严禁在空中攀援窗户进出吊篮或攀登栏杆。

(8) 吊篮在升降运行时，操作人员注意各机件的运行情况，如发现提升机发热、有噪声、钢丝绳断丝、安全锁失效、吊篮两端升降速度不匀、限位开关失灵、操纵杆开关失灵等不正常情况时，应及时回降地面进行检修，完好后方可继续施工，严禁设备带病运行。

(9) 吊篮专职检修人员必须具备地方劳动部门颁发的维修操作证方可上岗维修。

(10) 施工工期较长时，必须制定吊篮定期检查制度，操作人员每启动吊篮时应按规定对各机件进行检查，发现故障后，必须由吊篮专职人员进行检修，其他人员不得擅自任意拆卸检修。

(11) 悬吊平台在正常使用时，严禁使用电机制动器及安全锁刹车，以免引起意外事故。

(12) 严禁吊篮悬空拆装。

(13) 吊篮使用后，应关闭总电源及控制箱，并降提升机，安全锁用塑料纸包扎，防止雨水渗入。

3. 作业后的注意事项

(1) 每天下班，必须切断电源，同时将操纵开关拆下，妥善保管，锁住电器箱门，下雨、浓雾天，提升机、安全锁、电器箱最好用塑料布遮好，防止渗水、弄潮、漏电。

(2) 传动部件每月加一次润滑油，每六个月更换一次润滑油。

(3) 不用或多余的钢丝绳必须捆扎好，防止损坏。

(4) 按规定执行日检查、周保养制度。

(5) 收拾整理好安全绳放置指定地点

复习题

1. 安全管理方针是什么？简述安全组织体系。

2. 施工现场有哪些特种作业？其操作工应具备的条件及劳动保护用品有哪些？

3. 单元板块和玻璃在运输和施工现场应如何存放？保护措

施是什么?

4. 吊篮使用前的作业准备及着装要求是什么?

5. 现场施工人员着装要求是什么?

6. 雨季施工应注意哪些事项?

7. 为防止工地发生火灾应注意哪些事项?